U0464437

Three dimensional training materials for pumped
storage material supply chain management

抽水蓄能物资供应链
管理立体化培训教材

国网新源控股有限公司　组编

中国电力出版社
CHINA ELECTRIC POWER PRESS

内 容 提 要

《抽水蓄能物资供应链管理立体化培训教材》以抽水蓄能行业现代供应链管理为基础，集理论与实务为一体，具备系统性、专业性和实用性，以抽水蓄能电站物资供应全过程管理为主线，围绕采购、质控、物流三大核心业务，全面介绍了抽水蓄能电站的供应链管理实务，包括物资管理概述、物资计划管理、采购管理、物资合同管理、物资质量监督管理、供应商关系管理、物资仓储管理、工程物资管理、废旧物资管理、物资标准化与信息化、物资管理风险防控等内容。本书采取了固化关键表单、网格化操作手册、典型案例分析等手段，运用了云平台和二维码现代信息化技术，打造具有国网新源控股有限公司特色的供应链文化。

本书适合抽水蓄能电站供应链管理各层级、各专业人员，包含抽水蓄能电站建设与运营公司的管理层、物资采购管理员、物资供应管理员、物资需求管理员、供应链信息化平台开发人员等。

图书在版编目（CIP）数据

抽水蓄能物资供应链管理立体化培训教材/国网新源控股有限公司组编 . —北京：中国电力出版社，2022.12

ISBN 978 - 7 - 5198 - 7065 - 2

Ⅰ. ①抽⋯ Ⅱ. ①国⋯ Ⅲ. ①抽水蓄能水电站－物资供应－供应链管理－技术培训－教材 Ⅳ. ① TV743②F252

中国版本图书馆 CIP 数据核字（2022）第 207553 号

出版发行：中国电力出版社

地　　址：北京市东城区北京站西街 19 号（邮政编码 100005）

网　　址：http://www.cepp.sgcc.com.cn

责任编辑：孙建英（010 - 63412369）董艳荣

责任校对：黄　蓓　郝军燕

装帧设计：赵姗姗

责任印制：吴　迪

印　　刷：三河市万龙印装有限公司

版　　次：2022 年 12 月第一版

印　　次：2022 年 12 月北京第一次印刷

开　　本：787 毫米×1092 毫米　16 开本

印　　张：13.5

字　　数：313 千字

定　　价：75.00 元

前　言

"十四五"规划明确了供应链管理的规划，提出要补齐国内供应体系短板，在供给方面加强整体效率，以提升整体国际竞争力，对加快国内大循环、大市场的建设作出重要贡献。为贯彻落实"十四五"规划，国家电网有限公司围绕智能采购、数字物流、全景质控三大核心业务链，打造了具有行业领先地位和示范作用的现代智慧供应链体系。

为推动现代智慧供应链体系在公司顺利落地，打造具有国网新源控股特色的现代智慧供应链文化，现组织编写了集理论与实务为一体，具备系统性、专业性和实用性的物资管理书籍。本书以物资供应全过程管理为主线，涵盖公司物资管理全业务流程，采取固化关键表单、网格化操作手册、典型案例形式，运用云平台和二维码现代信息化技术，提升教材的实用性和便捷性。

本书共分十一章，主要包括物资管理概述、物资计划管理、采购管理、物资合同管理、物资质量监督管理、供应商关系管理、物资仓储管理、工程物资管理、废旧物资管理、物资标准化与信息化、物资管理风险防控等内容，对国网新源控股以及抽水蓄能行业物资从业人员掌握物资管理各项要求，建设现代智慧供应链体系具有良好的指导意义。

本书由国网新源控股有限公司组织供应链管理方面专家编写，希望借此书与同行开展经验交流，进一步提升供应链管理人员的专业素质和工作技能，共同推进抽水蓄能行业现代供应链管理标准化发展。由于编者水平有限，书中难免有不足之处，恳请广大读者给予批评指正。

编　者

2022 年 11 月

目　　录

第一章 物资管理概述

国网新源控股有限公司（简称"国网新源控股"）的核心业务是开发建设与经营管理抽水蓄能电站和常规水电站，承担着保障大电网安全和促进新能源消纳的重要使命，高效稳健的物资供应是开发建设与经营管理顺利进行的重要保障，对提高资源利用率、降低成本、加速资金周转、提升企业管理水平至关重要。本章包含抽水蓄能物资及供应、国网新源控股物资管理体系两部分内容。

学习目标	
知识目标	1. 了解抽水蓄能物资分类、特点与供应链相关知识 2. 掌握国网新源控股物资管理服务体系构成与管理内容
素质目标	1. 加强对物资管理重要性的认识 2. 培养"职责明确、界面清晰、协同联动、标准统一"的工作习惯

第一节 抽水蓄能物资及供应

抽水蓄能物资及供应是抽水蓄能电站运营的重要保障，是发展的基本要素和核心资源之一，对企业发展起着举足轻重的作用。本节介绍了抽水蓄能物资分类、抽水蓄能物资特点和抽水蓄能电站供应链三部分内容。

一、抽水蓄能物资分类

抽水蓄能物资是抽水蓄能电站物资管理的对象，是指抽水蓄能电站运营过程中所消耗的各种生产资料，抽水蓄能物资种类繁多、通用性不高等特点直接影响物资管理观念、方式和策略的选择。

国网新源控股为了配合生产、建设和经营对全面应用物资采购标准的要求，对其使用的抽水蓄能物资从不同角度、不同层次进行区分、归类、命名、描述，建立了物资分类结构体系和物资信息化代码体系，将抽水蓄能物资分为水电物资配件、物资配件、一次设备、辅助设备设施、水电设备、五金材料、仪器仪表、低压电器、装置性材料、金属材料、工器具、二次设备、燃料化工、水电（专属）材料、通信设备、办公用品、信息设备、水电工器具、建筑材料、软件、劳保类用品、水电仪器仪表、智能变电站二次设备、科研设备，共24大类。

二、抽水蓄能物资特点

（一）公共性

抽水蓄能物资有序供应是抽水蓄能企业正常运营的重要保障，影响到公共安全与社会生产，因此抽水蓄能物资及时有效供应十分重要。

（二）连续性

鉴于抽水蓄能电站运行的连续性，为了保证开发建设与日常运营需要，物资管理部门需要重视备品备件和轮换备品的储备和供应，抽水蓄能物资供应应连续不断，甚至需要超前准备。

（三）专业性和复杂性

抽水蓄能物资的专业性强、技术要求复杂，规格品种繁多，供应数量庞大，物资管理部门需清楚了解物资供应需求，提升信息采集、汇总和分析能力。

三、抽水蓄能物资供应链

抽水蓄能物资供应链是通过对信息流、物流、资金流、工作流的控制，从采购原材料开始，制成中间产品以及最终产品，最后由销售网络把产品送到消费者手中，将供应商、制造商、分销商、零售商，直到最终用户连成一个整体的网链结构和模式。

抽水蓄能物资供应链中传递的内容归集为实物流、资金流、信息流和工作流。

（1）实物流是指实物交付和转移的过程，其流动方向是从供应商的供应商到客户的客户，实物流是供应链的基础。

（2）资金流是指收取和清偿款项的过程，其流动方向是客户的客户到供应商的供应商，资金流是供应链的血液。

（3）信息流包括收集和处理分析数据，协助供应链上的成员开展商务活动或进行决策判断，其流动方向是双向的，信息流是供应链的神经。

（4）工作流是指根据一系列过程规则，将文档、信息或任务在不同的执行者之间进行传递和执行。

抽水蓄能物资现代供应链是指结合先进的物联网技术和现代供应链管理理论、方法与技术，实现抽水蓄能物资供应链的电子化、网络化、可视化、便捷化、智慧化，是抽水蓄能物资供应链发展、变革、转型的必然方向。

第二节　国网新源控股物资管理体系

国网新源控股物资管理以"集中、统一、精益、高效"为目标，纵向规范各级物资管理机构的管理与运行，横向实现涵盖全业务流程的实时监控和高效协同，兼顾效率和风险，全力打造管理体系集约高效、管理链条扁平简洁、管理流程优化顺畅的物资管理新模式。本节主要包含了组织体系、业务体系和业务运作模式三部分内容。

一、组织体系

国网新源控股物资管理业务受国家电网有限公司领导，建立"以国网新源控股本部为管理中心、物资公司（物流服务中心）为专业支撑平台、项目单位为基层执行主体"的管理组织体系，国网新源控股物资管理组织体系如图1-2-1所示。

（一）国家电网有限公司层面

国家电网有限公司管理、领导国网新源控股各项物资管理工作，组建国网物资公司作为业务支撑单位，并兼具招标代理机构职能。

（二）国网新源控股层面

国网新源控股层面由国网新源控股物资部、项目主管部门、组织部、财务部、经法部、纪委办和物流服务中心组成。其中，物流服务中心挂靠在国网新源物资有限公司

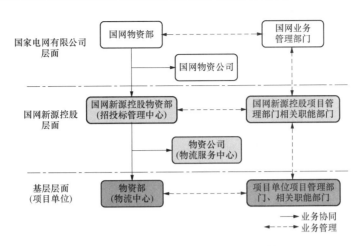

图 1-2-1　国网新源控股物资管理组织体系图

（简称"物资公司"）。

（1）国网新源控股物资部即物资部门，是国网新源控股物资工作职能管理部门，负责建立健全物资管理组织体系、业务体系，确保物资业务高效运转；负责国网新源控股物资管理日常工作，对各项目单位物资管理工作进行检查、指导和考核。

（2）国网新源控股项目主管部门按其职责和有关制度规定，协助对招标采购项目的需求计划、预算、立项依据、最高限价、技术规范书、合同签订、供应商评价等业务进行审批和管理。

（3）国网新源控股组织部为物资管理人才队伍建设提供资源支撑。国网新源控股财务部、经法部为招标采购、合同履约提供财税、法律业务支持。国网新源控股纪委办负责对物资管理从业人员的履职情况进行监督。

（4）国网新源控股物流服务中心（挂靠物资公司）是物资管理的专业支撑平台，全力协助国网新源控股物资部开展物资管理工作，为项目单位提供专业化的集中采购和物资供应辅助服务。同时，国网新源控股委托物资公司承担招标、非招标及部分授权采购代理工作。

（三）基层层面

基层层面由各项目单位物资管理部门（物流中心）、项目管理部门和相关职能部门组成。

（1）项目单位成立物资管理部门（物流中心），具体负责本单位物资管理工作，业务接受国网新源控股物资部的领导，接受物流服务中心的指导。

（2）项目单位项目管理部门负责招标采购项目的立项、需求提出、招标（采购）文件（含最高限价文件）编制、合同管理、履约协调等工作。

（3）项目单位相关职能部门为本单位物资管理人才队伍建设、财税、法律等业务提供支持；对本单位物资管理从业人员的履职情况进行监督。

二、业务体系

物资管理工作包括物资计划、采购、合同、质量监督、供应商关系、物资仓储、应急物资、废旧物资管理，以及与之配套的标准化、信息化、人才队伍、档案管理等支撑保障措施和业务监督机制。

（一）主要业务

1. 物资计划管理

物资计划管理是指组织研究制定物资计划管理规定，确定物资和服务的采购实施模式、采购方式、采购组织形式，需求、采购计划管理，统计分析和计划考评等内容。

2. 招标采购管理

招标采购管理是指采购活动计划、组织、协调与控制，包括确定采购规则事项、明确采购程序要求、组织实施采购业务、审定采购结果等管理工作。

3. 物资合同管理

物资合同管理是指物资采购合同的签订、履约、变更、结算、归档、检查及考核等全过程的管理工作。

4. 物资质量监督管理

物资质量监督管理是指通过监造、抽检、关键点见证、质量信息共享等手段，对物资生产制造质量进行监督，服务于物资招标采购、电站建设及安全稳定运行的活动。

5. 供应商关系管理

供应商关系管理包含供应商资质能力核实、供应商绩效评价、供应商不良行为处理、供应商分类分级管理、供应商服务等工作。

6. 物资仓储管理

物资仓储管理是对实体仓库、储备物资、仓储作业的管理，包括仓库规划建设、仓储作业管理、库存管理、仓库运维管理等，以及物资调剂需求、执行、交接、结算等全过程调剂管理。

7. 应急物资管理

应急物资管理是指为防范恶劣自然灾害等，对保障安全生产所需要的应急抢修设备、材料、工器具、应急救灾物资和应急救灾装备等的管理，包括应急物资专用库房（库区）建设、储备定额、在库保管保养、领用补库以及台账管理等。

8. 废旧物资管理

废旧物资管理是指废旧物资拆除计划编制、技术鉴定、拆除回收、报废审批、移交保管、竞价处置、资金回收，以及再利用物资入库保管、利库调拨、资金结算等全过程管理。

9. 物资管理标准化、信息化

物资管理标准化是指为在物资管理工作范围内获得最佳秩序，对实际或潜在问题制定共同的和重复使用的规则的活动，包含物料主数据、供应商主数据、仓储主数据、标准采购目录、标准文件范本、标准采购策略、统一合同文本、供应商资质业绩核实标准和供应商履约绩效评价标准等。

物资管理信息化是指采用现代信息技术来管理和集成物资信息，通过管理和分析信息系统来控制实物流、信息流、资金流和工作流，提高物资管理运行的自动化程度和科学管理决策水平，以达到合理配置物资资源、降低成本、提高服务水平服务能力的目的。

（二）支撑保障措施

支撑保障措施主要包括制度体系建设、集中采购管理标准体系建设、物资信息化管理、人才队伍建设、物资档案管理等。

制度体系建设是针对各管理事项，制定、颁布、实施、修改、梳理、废止各项规章制度的动态全过程，应覆盖全业务、全流程。

集中采购管理标准体系建设涵盖采购目录、文件范本、采购策略、评审办法、供应商资质业绩核实标准、绩效评价标准等。

物资信息化管理是指采用现代信息技术来管理和集成物资信息，为供应链管理提供信息技术支持。

人才队伍建设主要包括专家库管理和物资业务培训资源开发。

物资档案管理是指对物资管理活动中形成的多载体文件材料进行管理。

（三）业务监督机制

物资业务监督遵循"主办主责"的原则，强化"三全三化"（"三全"是指核心业务全覆盖、关键流程全管控、管理岗位全监督，"三化"是指监督机构责任化、监督队伍专业化、管控手段信息化）的物资监督体系建设；参与物资管理业务的国网新源控股专业主管部门、各项目单位依据各自职责履行主体监督责任；国网新源控股物资部设立物资督察处，建立国网新源控股物资监督专家库，强化物资管理专项监督检查，充分利用内外部监督成果形成监督合力，防范管理风险。

三、业务运作模式

国网新源控股物资管理应用"一级平台管控、两级集中采购、三级物资供应"的业务运作模式。

1.一级平台管控

所有采购活动都在国家电网有限公司电子商务平台（简称"ECP"）开展，实现采购活动全过程一级管控。

2.两级集中采购

物资采购活动全部集中到国家电网有限公司总部和国网新源控股本部两级实施，分为"总部直接组织实施"和"总部统一组织监控，直属单位具体实施"两种模式。国家电网有限公司物资部、国网新源控股物资部负责开展集中采购工作，各项目单位在国网新源控股统一监控下，开展授权采购工作。

3.三级物资供应

国网新源控股本部加强物资业务集中管控，项目单位加强现场管理，具体负责合同签订、合同履约、供应商评价、现场仓储管理等工作。

【巩固与提升】

1.简述抽水蓄能物资供应链的内涵。

2.简述国网新源控股物资管理组织体系的内涵。

3.简述国网新源控股的业务运作模式，分别阐述其内涵。

第二章 物资计划管理

物资计划管理是物资管理的源头，是了解物资需求，保持物资数量、质量和品种规格平衡，合理安排物资使用方向，有效利用物资资源的手段。做好物资计划管理对提高物资供应链经济效益，合理配置企业资源具有非常重要的意义。本章主要介绍物资计划管理概述、物资计划编制与申报、物资计划管理案例分析三部分。

	学习目标
知识目标	1. 了解物资计划管理的概念，熟悉物资计划分类、物资计划管理模式、两级采购目录、采购批次管理等内容。 2. 掌握年度需求计划、批次采购计划的编制、审核、申报、审批等流程
技能目标	1. 能够按照工作流程及管理要求编制年度需求计划、批次采购计划。 2. 能够按照两级采购目录、采购批次安排及其他相关管理文件及要求合理申报批次采购计划
素质目标	1. 树立"主动超前、统筹协调、闭环管控"意识。 2. 养成严格遵照各类物资计划管理要求执行计划管理的习惯。 3. 培养严肃认真、严格细致的工作作风

第一节 物资计划管理概述

本节主要介绍物资计划管理概念、物资计划分类、物资计划管理模式、采购目录管理、采购批次管理五部分内容。

一、物资计划管理概念

物资计划是对物资的流通进行组织和管理的各种计划手段的总称，是以物资为对象，为组织达到既定目标、提供物资保证而进行的计划工作，是组织计划期内物资管理活动的行动纲领。物资计划是招标采购、合同签约、物资仓储、废旧物资处置等物资供应链各环节管理活动的基础。

物资计划管理是制定合理的物资计划，为确保物资计划能够顺利执行和全面实现而进行的调查研究、监督检查、调节控制和考核总结等活动，也是对物资从生产到消费过程的中间环节的管理过程。物资计划管理的范围包括用于生产、建设、运营的设备、材料以及大宗办公用品、消耗性物资及服务。

二、物资计划分类

物资计划一般分为需求计划、储备计划、采购计划、供应计划。需求计划是需求单位（部门）依据年度综合计划、财务预算等，结合企业生产、建设、运营需要，向物资管理部门提报的含物资需求内容及需求时间等的计划；储备计划是根据企业生产、应急需要形成的所需物资储备时间及储备量的计划；采购计划是以需求单位（部门）提出的需求计划为基础，结合储备计划、库存情况提出的实施采购活动的计划；供应计划是采购计划的执行计划。

需求计划管理、采购计划管理是实施采购活动的前提，是物资计划管理的重点，本书将主要针对这两类物资计划管理内容展开介绍。

三、物资计划管理模式

目前，国家电网有限公司实行"总部直接组织实施"和"省公司/直属单位直接组织实施"两种采购实施模式，涵盖公司规划发展、基本建设、安全生产、科技进步、数字化建设、后勤管理等过程中所需的物资和服务采购，两种实施模式的具体范围以每年下发的年度集中采购目录清单为准。

"总部直接组织实施"的范围主要包括 35kV 及以上输变电设备、线路装置性材料（含新建、改扩建、技改大修等项目）、电源项目（新建、扩建）等。

"省公司/直属单位直接组织实施"的范围为"总部直接组织实施"模式范围以外的所有采购。

四、采购目录管理

采购目录清单是为实现经营管理目标、提高采购质量和效率、厘清采购管理界限而制定的分类管理目录清单。采购目录以主数据为基础，按物料大、中、小类进行编制，主要包括采购范围、采购实施模式、采购方式以及采购组织形式等内容，通过采购目录清单进行统一管理。国家电网有限公司和国网新源控股按年度分级、分类编制一级集中采购目录清单、二级采购目录清单。

一级集中采购目录清单由国家电网有限公司物资部会同项目管理部门制定，由国家电网有限公司直接组织实施。

国网新源控股根据一级集中采购目录清单编制二级采购目录清单，经招投标领导小组会议审定并报国家电网有限公司物资部备案后实施。另外，二级采购目录清单范围内采购规模小或通用性差、不属于依法必须招标需要授权的物资和服务，可按照"固定授权"和"一事一授权"两种方式授权下一级单位（即项目单位）实施，授权范围内的物资和服务应采用公开招标以外的其他采购方式进行采购。国网新源控股二级采购目录主要涵盖集中采购、固定授权采购、直接委托、二级专区等目录清单。

各级采购目录清单范围互不交叉重叠，用于指导国网新源控股各需求单位（部门）申报采购计划、执行采购。

国家电网有限公司 2022 年度总部集中采购目录如图 2-1-1 所示。

国网新源控股 2022 年度集中采购目录清单如图 2-1-2 所示。

五、采购批次管理

为提高采购效率效益，对采购时间相近、具有同质性、能形成规模的采购计划进行汇总、归并，形成采购批次。批次内所有采购计划按照统一时间节点同步组织实施。

"总部直接组织实施"采购批次安排，由国家电网有限公司物资部按年度制定，国网物资公司在 ERP 中统一发布。目前，国家电网有限公司总部组织的一级采购全年会安排常规输变电设备、材料采购批次，输变电设备、材料协议库存采购批次，输变电设

国家电网公司2022年度集中采购目录清单

大类	中类	小类	实施范围	建议采购方式	建议采购组织方式	备注
一、输变电项目						
（一）输变电设备						
一次设备						
	交流变压器					
			35 kV及以上变电项目	公开招标	批次/协议库存	不包括35kV非晶合金变压器、移动变电站和站用变压器成套柜
	交流电流互感器					
		电磁式电流互感器	35 kV及以上变电项目	公开招标	批次/协议库存	不包括开关柜内部组件
		电子式电流互感器	35 kV及以上变电项目	公开招标	批次/协议库存	
	交流电压互感器					
		电磁式电压互感器	35 kV及以上变电项目	公开招标	批次/协议库存	不包括开关柜内部组件
		电容式电压互感器	35 kV及以上变电项目	公开招标	批次/协议库存	
		电子式电压互感器	35 kV及以上变电项目	公开招标	批次/协议库存	
	交流断路器					
		瓷柱式交流断路器	35 kV及以上变电项目	公开招标	批次/协议库存	
		罐式交流断路器	35 kV及以上变电项目	公开招标	批次/协议库存	
	交流隔离开关					
		交流三相隔离开关	35 kV及以上变电项目	公开招标	批次/协议库存	
		交流单相隔离开关	35 kV及以上变电项目	公开招标	批次/协议库存	
		交流接地开关	35 kV及以上变电项目	公开招标	批次/协议库存	
		中性点隔离开关	35 kV及以上变电项目	公开招标	批次/协议库存	
	电抗器					
		并联电抗器	35 kV及以上变电项目	公开招标	批次/协议库存	
		电容器组串联电抗器	35 kV及以上变电项目	公开招标	批次/协议库存	
		限流电抗器	35 kV及以上变电项目	公开招标	批次/协议库存	不包括物资电压等级500kV及以上的限流电抗器

图 2-1-1　国家电网有限公司 2022 年度总部集中采购目录（节选）

国网新源控股2022年度集中采购目录清单

大类	中类	小类	实施范围	建议采购方式	建议采购组织形式	备注
一次设备						
	避雷器					
		交流避雷器	非总部直管工程	公开招标	批次	10kV及以下项目、海拔线路型避雷器
		交流滤波器避雷器	非总部直管工程	公开招标	批次	
	穿墙套管					
		交流穿墙套管	非总部直管工程	公开招标	批次	
	电力电容器					
		单台电容器	非总部直管工程	公开招标	批次	10kV及以下项目
		滤波器组电容器	非总部直管工程	公开招标	批次	
	调压器					
		调压器	非总部直管工程	公开招标	批次	
	负荷开关					
			非总部直管工程	公开招标	批次	
	高压熔断器					
			非总部直管工程	公开招标	批次	
	交流变压器					
			非总部直管工程	公开招标	批次	仅包括10kV及以下项目的调容变压器、配电变压器、箱式变电站、35kV非晶合金变压器、移动变电站和站用变压器成套柜

图 2-1-2　国网新源控股 2022 年度集中采购目录（节选）

备单一来源采购批次，电源项目物资与服务采购批次，数字化项目物资与服务采购批次，营销项目采购批次，特种车辆及普通车辆采购批次，电力作业直升机采购批次等，以上各类批次根据对应物资实际的采购量、采购频次、采购特点等进行安排。一级采购批次安排随同国家电网有限公司每年发布的《国家电网有限公司关于发布 20××年采购计划安排的通知》下发，用于指导各所属单位申报批次采购计划。

"省公司/直属单位直接组织实施"采购批次安排，由国网新源控股物资部门依据国家电网有限公司总部采购安排，结合实际业务需求自主安排，报国家电网有限公司物资部备案。国网新源控股物资部门结合采购需求，兼顾效率与效益，制定集中采购批次（含公开招标、公开询价、竞争性谈判、单一来源等采购批次），在 ERP 统一创建；固定授权采购批次根据各项目单位实际采购需求，按需在 ERP 创建；直接委托、应急采购、紧急采购、框架结果执行、电商专区、地方公共资源交易平台采购等批次，按年度在 ERP 分别创建，全年开通接收计划申报。国网新源控股二级采购批次安排随同国网新源控股物资部门每年发布的《国网新源控股关于发布 20××年采购计划安排的通知》下发，用于指导各所属项目单位申报批次采购计划。

第二节　物资计划编制与申报

公司现行物资计划主要包括年度需求计划、批次采购计划、批次外采购计划，本节主要介绍三类物资计划的编制与申报。

一、年度需求计划

年度需求计划是国网新源控股各项目单位根据年度综合计划、财务预算等，结合历年实际物资和服务需求，进行科学预测，编制形成的全年物资和服务总需求。年度需求计划可随年度综合计划、财务预算编制调整情况，同步编制调整。

（一）编制范围

各项目单位根据两级采购（含授权、直接委托）目录和采购批次安排，结合对应年份的储备项目、综合计划、项目本年投资规模、财务预算及各类项目建设进度等，编制包含电网基建、小型基建、生产技改、生产辅助技改、零星购置、生产大修、生产辅助大修、电网数字化建设、研究开发、管理咨询、教育培训等各类专项项目的物资和服务需求。

（二）编制与提报流程

1. 储备项目信息维护

各项目单位于 ERP "项目储备库"功能模块获取项目信息，组织本单位专业部门对所获取项目类型下所有项目信息按专业条线审核、维护与确认，形成完整的储备项目信息，包含项目名称、项目定义、项目类型、项目状态、总投资计划、本年投资计划、开完工时间等。

储备项目信息维护为后续设备材料清册挂接、年度需求计划生成、采购申请生成提供项目数据支撑。

2. 年度需求计划编制与提报

在储备项目可研阶段，各项目单位专业部门（需求部门）基于储备项目，结合综合计划与财务预算，应用 ERP "年度需求计划"功能模块中预制的项目清册模板或结合实际需求自行编制设备材料清册，形成年度需求预储备，进一步生成相应项目的预测版年度需求计划。设备材料清册编制的主要内容包括物料编码、采购组织、数量、价格、交货期、供货周期等。在更新储备项目状态后的计划阶段或后续阶段，根据项目可研批复阶段的年度需求预测结合现阶段项目的实际情况等，补充完善相关信息后可完成需求版年度需求计划的编制。

国网新源控股物资部门通过 ERP 收集所属各项目单位提报的预测版、需求版年度需求计划，组织本部项目主管部门、专业主管部门开展审核工作，审核无误后通过 ERP 将年度需求计划提报至国家电网有限公司物资部。

国网新源控股结合年度需求计划的实际管理情况，组织各项目单位在预测版年度需求计划的基础上，编制生成合并版年度需求计划，主要编制内容包括合并项目名称、合并项目类别、合并需求日期、建议采购方式、计划批次、审核部门、合并项目金额、计划年度等。合并版年度需求计划从采购项目维度指导批次采购计划执行。

年度需求计划的 ERP 编报操作流程可扫描二维码获取。

操作手册名称	预测版年度需求计划 ERP 系统申报操作
角色	计划申报人员
主要功能	储备库项目信息维护，设备材料清册挂接，年度需求计划生成、编辑
二维码	

操作手册名称	需求版年度需求计划 ERP 系统申报操作
角色	计划申报人员
主要功能	储备库项目信息维护，设备材料清册挂接，年度需求计划生成、编辑
二维码	

二、批次采购计划

批次采购计划从两级采购实施模式维度可以划分国家电网有限公司总部批次采购计划和国网新源控股二级批次采购计划，本部分将介绍不同类别的批次采购计划申报原则及编报流程。

（一）编制范围

1. 国家电网有限公司总部批次采购计划

国家电网有限公司总部批次采购计划应按照《国家电网有限公司 20××年集中招标"总部直接组织实施"批次计划审查要点及须知通用部分》编制，具体应结合《国家电网有限公司关于发布 20××年采购计划安排的通知》、国家电网有限公司物资部下发的专项通知和要求、各专项批次审查要点及须知等文件要求准确判断采购范围报入对应总部批次执行采购。目前，国网新源控股所属各项目单位所申报的国家电网有限公司总部批次采购计划主要涉及输变电项目、电源项目、数字化项目等专项批次,本部分重点介绍此三类批次采购计划的申报。

输变电项目主要包含设备、材料两类批次,采购范围包含 35kV 及以上一次设备、二次设备、电缆及附件、线路装置性材料和部分通信设备、仪器仪表等,应按照上述国家电网有限公司总部批次各类通知、要点文件及输变电项目每批次下发的专用审查要点及须知申报计划。

电源项目包含物资、服务两类批次,物资批次采购范围主要包括新建、扩建项目的部分水电设备、母线、钢材等,服务批次采购范围主要包括新建、扩建项目的部分水电工程服务,具体应按照国家电网有限公司总部下发的一级集中采购目录清单执行采购。

数字化项目包含物资、服务两类批次,物资批次采购范围包括部分数字通信设备及数字化软件、调度物资、信息设备等,服务批次采购范围主要针对国家电网有限公司统一推广建设项目的信息系统服务,应按照上述国家电网有限公司总部批次各类通知、要点文件及数字化项目每批次下发的专用审查要点及须知申报计划。

2. 国网新源控股二级批次采购计划

国网新源控股二级批次采购计划应严格按照二级采购目录中的集中采购、固定授权采购、直接委托等目录清单及国网新源控股物资部门发布的具体通知要求申报计划,各类批次采购范围为对应目录清单内物资或服务,二级采购计划不应包括国家电网有限公司一级采购范围内的物资或服务。

(二)编制与提报流程

国家电网有限公司总部批次采购计划、国网新源控股二级批次采购计划(主要为国网新源控股集中采购批次、授权采购批次)的编报流程相同,主要步骤包括批次计划汇总表创建及上报、技术规范 ID 创建、采购申请生成三个步骤。

1. 批次计划汇总表创建及上报

各项目单位根据国网新源控股物资部门发布的采购批次时间安排,将已下达的合并版年度需求计划合理安排在相应批次执行采购,在批次采购计划申报截止前,组织本单位编制批次计划汇总表及采购文件,并在 ERP 完成上报(一个采购项目创建一个批次采购计划)。

批次计划汇总表编制内容包括需求单位、项目类别、项目名称、估算金额、采购范围、交货期/工期/服务期、专用资格要求、技术规范×号条款、采购方式、采购批次编号、合并采购计划编码。采购计划申报可参考国网新源控股物资部门发布的《抽水蓄能电站标准分标目录》。

2. 技术规范 ID 创建

技术规范 ID 是 ECP 关联采购申请与采购文件的纽带,是贯穿采购计划申报与采购过程的重要数据。项目单位在 ERP 完成批次采购计划的创建后,可在 ERP 对应模块将采购项目的单体工程信息传输至 ECP,为后续步骤 ECP 创建技术规范 ID 做基础。ECP创建的技术规范 ID 是基于已有的单体工程项目信息,选用物料编码、编制技术规范书后生成的编码,可在招标采购阶段于 ECP 关联到具体采购项目的技术规范书。另外,ECP 平台部署有结构化及固化 ID,项目单位申报计划时可根据实际采购情况参照选用,无需再自行创建技术规范 ID、编制技术规范书。

3. 采购申请生成

需求版年度需求计划信息可随项目进度进行滚动更新，在批次采购计划执行阶段，需在 ERP 专门模块维护完整信息，为后续采购申请的生成提供数据基础，具体维护内容包括批次计划汇总表编号、技术规范 ID、供货周期、批次计划编号、物资电压等级等。

需求版年度需求计划是采购申请生成的基础数据来源，项目单位可根据实际采购需求，将执行采购的需求版年度需求计划在 ERP 对应模块操作生成采购申请。采购申请编制要点见表 2-2-1。

表 2-2-1　　　　　　　　　　　采购申请编制要点

业务类型	凭证类型	科目分配类型		备注
		生产期	基建期	
生产物资（费用类型为材料费）	PR1-生产物资采购申请	空白		基建期不涉及此类业务
办公用品	PR2-办公类耗材采购申请	空白	Q	基建期填写 WBS 元素
劳保用品	PR3-劳保低值易耗品采购申请	空白	Q	基建期填写 WBS 元素
普通低值易耗品	PR3-劳保低值易耗品采购申请	空白	Q	基建期填写 WBS 元素
零购固定资产	PR4-零购类固定资产采购申请	Z	Z	填写 WBS 编码与资产编码
重点低值易耗品	PR4-零购类固定资产采购申请	A	A	填写资产编码，不填写 WBS 元素
施工服务	PR5-施工采购申请	KD 或 FD	PD	生产期检修、技改项目选择 F，挂接工单
工程物资（费用类型为技改）	PR6-工程物资采购申请	Q	Q	填写 WBS 编码
服务	PR7-服务采购申请	KD 或 FD	PD	生产期检修、技改项目选择 F，挂接工单

4. 批次采购计划、采购申请的审批上报

项目单位完成批次采购计划创建提报、采购申请的生成后，国网新源控股物资部门会同项目主管部门（专业主管部门）对批次采购计划进行审批，并组织国网新源控股物资公司对采购申请进行审核，审核通过后将拟组织采购项目的采购申请提报至国家电网有限公司总部 ERP。

批次采购计划审核内容主要为项目名称、交货期/服务期、采购方式等，针对不合格内容，通过 ERP 批次计划调整单模块进行修改，国网新源控股物资部门或物资公司通过审批计划调整单实现项目信息的更正；采购申请审核内容主要为技术规范 ID、物料编码、数量、金额、交货地点、交货日期等，不合格内容将进行退回操作（退回意见为"本部退回"），各项目单位在 ERP 进行修改并重新提报。

批次采购计划 ERP 创建、技术规范 ID 的 ECP 的创建采购申请生成的操作流程可扫描下表中二维码获取。

操作手册名称	批次采购计划 ERP 系统申报操作
角色	计划申报人员
主要功能	批次采购计划导入、创建、审批、修改、显示、查询
二维码	

操作手册名称	ECP2.0 平台技术规范书提报操作
角色	计划申报人员
主要功能	批次采购计划 ECP 技术规范书提报
二维码	

三、批次外采购计划

批次外采购计划主要包括紧急采购计划和应急采购计划，下面将对这两类采购计划适用范围及编报流程做简要介绍。

（一）紧急采购计划

1. 紧急需求

紧急需求包含三种情况：因涉及国家利益、落实国家重大政策、政府要求、公司管理、项目计划调整等因素，如重大保电、优化营商环境、地方建设配套、增量配电、新能源等项目，现有批次安排无法满足项目进度要求的需求；因供应商无法正常履约，合同终止后需重新采购，现有批次安排无法满足项目进度要求的需求；由于设备缺陷、安全隐患等情况，可能对正常生产经营、电网安全造成影响，需要紧急更换的物资和服务采购需求。

2. 紧急采购计划管理

紧急采购遵循"依法合规、及时响应、简化流程、保障供应"的原则，严格按照适用条件开展。

一级采购目录清单范围的物资，国家电网有限公司紧急采购计划严格实行全流程线

13

上管控，按年度创建紧急采购管理批次（全年开通），仅接收一级采购目录清单范围内的计划。国家电网有限公司总部优先组织协议库存份额跨省调剂，调剂无法满足项目要求的，由国家电网有限公司总部新增批次实施采购或授权国网新源控股实施采购。对由于设备缺陷、安全隐患处理等情况，需要紧急更换的备品备件，需求单位提出申请，经国网新源控股相关管理部门批准后，由国网新源控股直接实施紧急采购，具体计划申报需按照《国网新源控股物资计划管理办法》等文件执行。

二级采购目录清单范围的物资，国网新源控股优先组织内部跨项目调配，调配无法满足的情况下，经国网新源控股内部决策程序审批后，自行组织实施紧急采购。

国网新源控股直接实施的紧急采购，项目单位应按照《国网新源控股物资计划管理办法》提出需求申请，项目单位内部审核通过后，由国网新源控股物资部门新增批次实施采购或授权需求单位实施采购。具体执行时，就近采购批次能满足紧急需求的，申报就近批次组织采购；就近批次不能满足需求的，新增批次实施采购或授权采购。各项目单位紧急项目采购计划通过 ERP 申报，同步提报紧急采购计划申请和相关支撑说明材料，ERP 编报流程可参考本节中"二、批次采购计划"编报流程。

（二）应急采购计划

1. 应急需求

应急需求主要包含两种情况：第一是为应对恶劣自然灾害或者安全生产事故造成电网停电、电站停运，对正常生产经营、电网安全造成影响，需满足短时间恢复供电和正常生产经营需要的应急物资和服务需求；第二是发生重大公共突发事件，必须立即安排采购，否则将影响人身安全的物资和服务需求。

2. 应急采购计划管理

应急采购计划严格按照《国网新源控股物资计划管理办法》等文件执行，发生应急事件时，启动应急物资保障预案。需求单位根据应急需求情况及时提出申请，经国网新源控股相关管理部门批准后，应急需求由需求单位直接委托实施。

在应急事件完成后，需求单位需通过 ERP 申报采购计划至应急采购批次，ERP 编报流程可参考本节中"二、批次采购计划"编报流程，按照《国网新源控股物资计划管理办法》要求填写应急采购计划备案单报国网新源控股物资部门，由其组织专业技术管理部门（各专业主管部门）和安全（应急）管理部门会签，ERP 提报计划明细应与备案单中的信息保持一致。

另外，一级集中采购目录清单范围内的应急需求实施全流程线上管控，按年度创建应急采购管理批次（全年开通），仅接收一级采购目录清单范围内的计划。国网新源控股物资部门组织需求单位严格按照应急采购计划管理有关规定流程提报相关支撑材料，上报采购计划。

第三节　物资计划管理案例分析

本节主要针对物资计划管理工作中易发生的问题进行案例说明，归纳总结年度需求计划、批次采购计划等合规上报的典型案例，并对问题原因进行分析总结，制定相应整改措施及改进的方式方法，总结经验教训，为今后工作开展提供成功经验或教育启示。

【案例 2-3-1】 同一采购项目中同时含设备购置及安装工程

一、背景描述

××电厂某一技改项目：××电厂排风洞口区域污水处理系统增设，其综合计划批复金额为 150 万元，××电厂依据批复综合计划申报了 2 条年度需求计划，并据 2 条年度需求计划安排了对应的 2 个采购项目，即在执行采购时申报了 2 条批次计划，具体情况如下：

(1) ××电厂排风洞口区域污水处理系统增设勘察设计服务：服务类采购计划，预算金额 28 万元。

(2) ××电厂排风洞口区域污水处理系统增设设备购置及安装：物资类采购计划，预算金额 122 万元。

二、存在问题

××电厂排风洞口区域污水处理系统增设设备购置及安装项目：该采购项目中同时包含了设备购置与安装工程，这不符合国网新源控股计划申报及采购管理相关要求。

三、原因分析

按照要求，物资类项目与服务类项目分开采购，即严禁同一采购计划中同时含物资类、服务类（工程类）采购需求，而采购范围中排风洞口区域污水处理系统增设设备购置应申报物资类采购项目，排风洞口区域污水处理系统增设设备安装工程应申报工程类采购项目。

四、解决措施

(1) 根据采购范围将"××电厂排风洞口区域污水处理系统增设设备购置及安装"拆分为以下两条采购计划进行申报：

××电厂排风洞口区域污水处理系统增设设备购置：货物类采购计划，预算金额 63 万元。

××电厂排风洞口区域污水处理系统增设设备施工工程：施工类采购计划，预算金额 59 万元。

(2) 相关工作人员应严格履行国网新源控股物资计划管理要求，熟练掌握年度需求计划、批次采购计划编制要点和申报流程。

(3) 各项目单位物资需求部门按照综合计划认真策划各储备项目的年度需求计划；物资需求部门分管主任严格把控审核环节，物资管理部门认真负责年度需求计划的收集、汇总、内审和申报工作。

【案例 2-3-2】 项目名称信息、采购范围应与物料小类或物料描述匹配

一、背景描述

××抽水蓄能电站二级泵站电源及控制系统改造设备购置项目中，采购内容包含锥尾室配电箱、低压开关柜（进线柜）、低压开关柜（水泵动力柜）、低压开关柜（馈线柜）、户外油浸式变压器等，需按照所购实际物资准确选用物料编码，但采购申请中存在实际所选用的物料编码与采购范围内容不匹配的情况，计划初审不合格。具体选用物料与实际需求对比表如表 2-3-1 所示。

表 2-3-1 　　　　　　　　　　　具体选用物料与实际需求对比

实际采购内容	物料编码	物料描述
锥尾室配电箱	500015647	"低压电力电缆、YJV、铜、35、2芯、不阻燃、22、普通"
10kV 出线柜	500024337	"机柜，600mm、1000mm、600mm"
0.4kV 低压开关柜（进线柜）	500024337	"机柜，600mm、1000mm、600mm"
0.4kV 低压开关柜（水泵动力柜）	500024337	"机柜，600mm、1000mm、600mm"
0.4kV 低压开关柜（馈线柜）	500024337	"机柜，600mm、1000mm、600mm"
户外油浸式变压器	500063051	变电在线监测装置、变压器在线监测系统

　　××电厂变压器及消弧线圈设备购置项目中，采购66kV变压器及消弧线圈，据此在采购申请中选用了以下变压器、消弧线圈对应物料，但存在所选用物料编码的特征值与技术规范实际需求的参数并不完全一致的问题，导致国家电网有限公司计划、招标（采购）文件审查物料审核不合格。具体选用物料与实际需求对比如表2-3-2所示。

表 2-3-2 　　　　　　　　　　　具体选用物料与实际需求对比

实际采购内容	物料编码	物料描述
消弧线圈	500031360	"消弧线圈接地变成套装置、AC 66kV、3800kVA、油浸、100A、调匝"

二、存在问题

（1）采购申请中选用物料编码对应物资内容与实际采购需求完全不一致。

（2）采购申请中选用物料编码对应物资内容与实际采购需求一致，但特征值与实际参数不符合。

三、原因分析

（1）物资计划管理人员对物料主数据的使用敏感性差、熟悉度不够。

（2）技术审查人员力量薄弱，计划上报前未能准确识别物料编码选用错误问题。

四、解决措施

（1）修改不匹配物料，上述案例修改后物料匹配表如表2-3-3所示。

表 2-3-3 　　　　　　　　　　　修改后物料匹配表

实际采购内容	物料编码	物料描述
锥尾室配电箱	500072612	"配电箱、户外、12回路"
10kV 出线柜	500006398	"低压开关柜、AC 380V、固定式、进线、2000A、100kA"
0.4kV 低压开关柜（进线柜）	500006398	"低压开关柜、AC 380V、固定式、进线、2000A、100kA"
0.4kV 低压开关柜（水泵动力柜）	500006568	"低压开关柜、AC 380V、抽屉式、进线、160A、100kA"
0.4kV 低压开关柜（馈线柜）	500047245	"低压开关柜、AC 380V、抽屉式、馈线、500A、40kA"
户外油浸式变压器	500026675	10kV 变压器、10kVA、普通、硅钢片、油浸
消弧线圈	500036931	"消弧线圈、AC 66kV、1900kVA、油浸、户外"

　　（2）各单位应提高计划自审查能力，培养技术人员审查力量，及时发现物料或技术

规范 ID 错误问题。

【案例 2-3-3】　采购申请中预算金额与中标价出现数量级差异

一、背景描述

(1)"××公司××年劳务派遣服务"项目估算金额为 98 万元,成交金额为 1.44 万元,合同签订金额与估算金额相差较大。

(2)"××公司××年度资产(包括废旧物资)评估服务框架采购"项目估算金额为 750 万元,成交金额为 26.325 万元,合同签订金额与估算金额相差较大。

二、存在问题

(1)"××公司××年劳务派遣服务",原始估算总价 98 万元包括薪资加管理费,采购文件要求供应商应答报价时只报管理费 1.44 万元,导致估算金额与成交金额相差较大。

(2)"××公司××年度资产(包括废旧物资)评估服务框架采购"项目为框架采购项目,估算金额按实际执行金额进行测算,而报价文件是要求供应商响应费率,按执行一次合同进行报价,导致估算金额与供应商报价相差较大。

三、原因分析

(1)项目单位未准确按照实际采购需求的范围评估预算金额、申报计划,对采购文件与计划的一致性重视不够。

(2)申报计划单位未在计划申报前准确评估测算该框架采购内容的估算金额和实际需求次数,导致计划估算金额与中标价出现数量级差异。

四、解决措施

项目单位应提升对采购文件采购范围、计划两者之间一致性的重视,严格按照实际采购需求对价格进行前期调研,评估项目金额、申报计划。

【巩固与提升】

1. 简述物资计划的分类。
2. 分别简述年度需求计划、批次采购计划的编制流程及审查要点。

第三章 采 购 管 理

随着经济全球化和信息技术的发展，采购管理的作用日益突显，它不仅是保证抽水蓄能电站正常生产经营活动的必要条件，也为降低成本、增加盈利创造条件，对于提升抽水蓄能电站核心竞争力具有重要意义。本章主要介绍采购管理概述、采购方式及适用范围、采购管理流程和采购管理案例分析四部分内容。

	学习目标
知识目标	1. 理解采购、采购管理、招标、竞争性谈判（磋商）、询价采购、单一来源采购相关概念 2. 掌握招标、竞争性谈判（磋商）、询价采购、单一来源采购适用范围 3. 掌握采购文件编制、采购文件审查、采购发标管理、采购开评标管理、采购定标管理、采购归档管理工作实施要点和流程
技能目标	1. 能够正确组织实施招标、竞争性谈判（磋商）、询价采购、单一来源采购工作 2. 能够独立编制采购文件，组织开展采购文件审查、采购发标管理、采购开评标管理工作 3. 能够实施采购定标工作 4. 能够按照制度要求完成采购归档工作
素质目标	1. 培养统筹规划、沟通协调能力，将严谨细致、依规办事贯穿于采购工作始终 2. 树立依法采购的意识，养成严谨细致、依规办事的工作作风

第一节 采购管理概述

采购是采购人有偿获取资源以满足自身需求的经济活动，采购活动是抽水蓄能电站从事生产经营活动的物质基础。本节介绍了采购及采购管理的概念、国家电网有限公司采购工作的原则和采购实施模式三部分内容。

一、采购及采购管理的概念

（一）采购

采购是指以合同方式有偿取得货物、工程和服务的行为。采购活动是指为满足采购需求，依据法律法规和企业规定，采用适当的采购方式、实施模式和组织形式，按照规定程序组织实施采购的过程。

（二）采购管理

采购和采购管理是两个不同的概念，采购是一种具体的业务活动，采购管理是指为保障企业物资供应而对企业的整个采购活动进行的计划、组织、指挥、协调和控制活动，包括计划下达、采购单生成、采购单执行、到货接收、检验入库、采购发票收集和采购结算等。

（三）采购方式

采购方式是指采购人为达到采购目标而在采购活动中运用的方法。对不同的采购需求，应采取适合的采购方式进行采购。国网新源控股采购活动中适用的采购方式包括以公开和邀请方式进行的招标、竞争性谈判（磋商）、询价采购（含现场询价）和单一来源采购。

公开方式是指在采购信息发布媒介上发布采购公告，邀请不特定的供应商参加采购活动。国网新源控股集中采购活动优先采用公开招标、公开竞争性谈判（磋商）和公开询价采购等具有竞争性的采购方式。

邀请方式是指向特定供应商发出邀请通知，邀请其参加采购活动。邀请采购的方式适用于以下情形之一：

（1）技术复杂、有特殊要求或受自然环境限制，只有少量供应商可供选择。

（2）通过公开方式采购费用占项目合同金额比例过大，属于国家规定需要履行项目审批、核准手续的依法必须招标项目，应当取得项目审批、核准部门的邀请采购批准手续；其他依法必须招标项目应当取得有关行政监督部门做出的邀请采购认定手续。

（3）已通过公开采购方式验证有效响应的供应商不足三家，包括本项目通过公开采购方式验证有效投标的供应商不足三家，或近期实施的类似项目已通过公开采购方式验证有效响应的供应商不足三家。

（4）涉及国家安全、国家秘密、商业秘密等，不适宜进行公开采购。

二、国家电网有限公司采购工作的原则

国家电网有限公司采购工作应突出"依法合规、质量优先、诚信共赢、精益高效"的原则。

三、采购实施模式

国网新源控股的采购实施模式有集中实施和授权实施，其中集中实施是主要实施模式，根据实际情况采用授权实施。

（一）集中实施

集中实施是国网新源控股物资部门组织，集中开展采购业务实施的模式。

（二）授权实施

授权实施是指针对需求零星、专业特殊或地域限制等原因，不具备集中实施条件，或集中实施不符合效率效益原则的采购需求，由国网新源控股授权各项目单位组织采购活动的一种实施模式。授权采购属于国网新源控股两级集中采购实施模式的补充，各项目单位要充分认识集中采购全覆盖工作的重要性，准确把握管理要求，遵循公开、公平、公正、诚实信用的原则，严禁借授权采购拆分项目。

第二节　采购方式及适用范围

采购方式是指采购人为达到采购目标而在采购活动中运用的方法。对不同的采购需求，选择合适的采购方式进行采购，确保采购工作的质量、效益和效率。本节主要对国网新源控股较常用的招标、竞争性谈判（磋商）、询价采购、单一来源等采购方式的基本概念和适用范围进行简要介绍。

一、招标

（一）招标的概念

招标是指在一定范围内公开货物、工程或服务采购的条件和要求，邀请众多投标人参加投标，并按照规定的评审条件和程序，从中选择中标供应商的一种采购方式。

（二）招标的适用范围

招标适用于以下情形：

（1）《中华人民共和国招标投标法》第三条规定的工程建设项目，包括项目的勘察、设计、施工、监理以及工程建设有关的重要设备、材料等。

（2）国网新源控股两级集中采购目录清单中建议可采用招标方式的相关物资与服务。

二、竞争性谈判（磋商）

（一）竞争性谈判（磋商）的概念

竞争性谈判（磋商）是指采购人组建的谈判小组与响应采购的供应商依次分别进行一轮或多轮谈判并对其提交的响应文件进行评审，根据评审结果确定成交供应商的一种采购方式。竞争性谈判（磋商）包括公开竞争性谈判（磋商）和邀请竞争性谈判（磋商）两种采购方式。

（二）竞争性谈判（磋商）的适用范围

竞争性谈判（磋商）适用于以下情形：

（1）不能准确提出采购项目需求及其技术要求，需要与供应商谈判后研究确定。

（2）采购需求明确，但有多种实施方案可供选择，需要与供应商谈判从而优化、确定实施方案。

（3）采购项目市场竞争不充分，已知潜在供应商比较少。

（4）按照国家规定需要核准的项目，核准部门核准的采购方式为竞争性谈判（磋商）采购。

三、询价采购

（一）询价采购的概念

询价采购是指采购人就采购标的直接向 3 个（含本数）以上供应商发出询价函件让其应答和报价，采购人对应答文件和报价进行比较，确定成交供应商、成交价格以及其他技术、商务条件的一种采购方式。

（二）询价采购的适用范围

询价采购适用于技术参数明确且完整，规格标准基本统一且通用，市场竞争比较充分的采购项目。

四、单一来源采购

（一）单一来源采购的概念

单一来源采购是指采购人就某一采购标的与单一供应商进行谈判，确定成交价格以及其他技术、商务条件的一种采购方式。

（二）单一来源采购的适用范围

单一来源采购适用于以下情形：

（1）只能从唯一的供应商处采购，需要采用不可替代的专利或专有技术。

（2）为保证采购项目与原采购项目技术功能需求一致或配套，需要继续从原供应商处采购，专业论证、事前公示按清单（单一来源采购范围清单）管理。在清单范围内的不进行专业论证，仅进行事前公示，其他采购均须专业论证、事前公示。国网新源控股根据实际情况按年度修订清单范围。

（3）因抢险救灾等不可预见的紧急情况，已启动应急响应，需要进行紧急采购的，不进行专业论证、事前公示。

（4）为执行创新技术的研发及推广运用，提高重大装备国产化水平等国家政策，需要直接采购的，进行专业论证、事前公示。

（5）涉及国家秘密或企业秘密不适宜进行竞争性采购。

第三节　采购管理流程

采购管理流程是采购活动具体执行的步骤，严谨的采购管理流程能够保证采购活动有序地开展。采购管理流程主要包括招标（采购）文件编制、文件审查、发标管理、开评标（评审）管理、定标管理和归档管理六部分内容。

一、招标（采购）文件编制

（一）招标（采购）文件的类型

招标（采购）文件按照采购方式不同分为招标项目采购文件、竞争性谈判（磋商）项目采购文件、单一来源项目采购文件和询价项目采购文件。

招标（采购）文件按照采购标的不同分为货物类项目采购文件、工程类项目采购文件、服务类项目采购文件。

（二）招标（采购）文件的组成

各类型招标（采购）文件均由七章构成，采购文件的组成如图3-3-1所示。

1. 招标（采购）文件的第一章：招标（采购）公告或邀请函

招标（采购）文件的第一章主要内容是告知投标（应答）人该采购项目的基本信息，如招标采购范围、资格要求、招标采购文件的获取、投标（应答）文件的递交、发布公告的媒介等信息。

2. 招标（采购）文件的第二章：投标（应答）人须知

招标（采购）文件的第二章主要内容是告知投标（应答）人招标采购全过程中必须知道并引起注意的事项，主要包括招标（采购）项目的名称、标的、数量；项目简介、

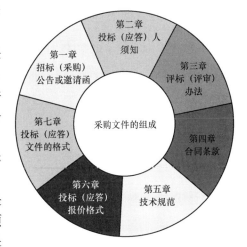

图3-3-1　采购文件的组成

采购方式、采购物料清单、采购流程；采购日程安排及采购程序；交货、竣工或提供服务时间等内容。

3. 招标（采购）文件的第三章：评标（评审）办法

招标（采购）文件的第三章主要内容是评标（评审）办法、评标（评审）标准、评标（评审）程序等内容。

4. 招标（采购）文件的第四章：合同条款

合同条款主要包含合同协议书、通用条款、专用条款、特别约定、合同附件等内

容。项目单位应选取合适的合同模板，并对合同基本内容进行填写。

5. 招标（采购）文件的第五章：技术规范

技术规范主要是项目具体的采购需求和技术细节的要求，主要内容有项目的概况、采购需求、技术标准、验收标准、考核标准、甲方提供条件、工期/服务期/供货期等。项目单位应该选用或者参考相应的技术规范模板。

6. 招标（采购）文件的第六章：投标（应答）报价格式

投标（应答）报价格式是招标（采购）人固定格式的文件，用于投标（应答）人对所投项目进行分项报价和汇总报价使用。项目单位根据项目采购标的和采购方式选择相应的格式模板，主要有工民建使用的工程类报价格式、水电施工使用的工程类报价格式、服务类和货物类报价格式。

7. 招标（采购）文件的第七章：投标（应答）文件的格式

投标（应答）文件的格式是招标（采购）人规定的投标（应答）文件格式要求，投标（应答）人须按照格式制作投标（应答）文件。

（三）招标（采购）文件的编制

项目单位物资管理部门依据年度物资需求计划和年度批次采购计划，合理安排招标（采购）批次，项目单位需求部门根据采购标的类型和采购方式，参照国网新源控股抽水蓄能电站标准分标目录及集中采购统一策略和相应的模板（如有）编制招标（采购）文件。

1. 招标（采购）公告或邀请函的编制

招标（采购）文件的第一章为招标（采购）公告。对于采用招标、公开竞争性谈判（磋商）、公开询价采购的项目，招标（采购）公告是按照批次统一编制的，项目单位逐一填写招标采购项目信息汇总表。对于采用邀请竞争性谈判（磋商）采购或单一来源采购的项目，项目单位应收集潜在供应商的单位全称、联系人、联系电话和邮箱等相关信息，并督促拟邀请的供应商在 ECP 注册并办理电子钥匙，合格供应商数量要求如下：

（1）采用邀请竞争性谈判（磋商）的采购项目，拟邀请的供应（服务）商应为 2 个以上（含本数）；

（2）采用邀请询价的采购项目，拟邀请的供应（服务）商应为 3 个以上（含本数）；

（3）采用单一来源的采购项目，拟邀请的供应（服务）商应为 1 个。

2. 投标（应答）人须知的编制

项目单位结合具体项目的实际情况填写投标（应答）人须知前附表，如是否接受联合体、是否组织踏勘现场、采购代理服务费收费标准（如需）以及需要补充的其他内容。

3. 评标（评审）办法的编制

评标（评审）办法主要包含否决条款、价格评审及修正原则，商务、技术评分标准，成交候选人排序方法，推荐中标（成交）的限制等相关内容。

4. 合同条款的编制

应尽量选取合同模板，在模板的基础上完善相关条款，招标（采购）文件中的合同应优先采用国家或地方有关行政部门制定的标准文本；若无前述示范文本，应在国家电网有限公司统一合同文本中选择符合采购项目实际情况的合同文本；若国家电网有限公司统一合同文本无法使用的，应在国网新源控股法律主管部门发布的合同文本中选择符合采购项目的合同文本；若国网新源控股法律主管部门发布的合同文本也无法使用的，可参照行业示范文本或以往类似采购项目使用的合同文本，另行起草。

项目单位选用国家电网有限公司或国网新源控股合同文本时，合同内的相关条款不能直接修改，只能填写；确实需要修改的条款可在特别约定进行明确。合同附件根据实际情况添加安全协议（如有）、廉洁协议、履约协议等。合同条款中必须明确支付方式及支付比例、争议解决方式、工期/服务期/供货期、货物交货地点、质保期；根据项目需要明确安装、调试、培训等责任条款等关键条款信息；合同中严禁出现项目单位联系人名字和联系方式等信息。

5. 技术规范的编制

技术规范编制应严格执行国网新源控股规定的技术规范文件范本（如有），范本通用部分原则上不做修改，专用部分由项目单位需求部门结合采购需求编写。编制的技术规范基本要素应齐全、技术要求要明确、满足实际情况。

6. 报价文件的编制

项目单位根据采购标的和采购方式选用报价文件模板，按照报价文件模板中的编写要求填写，明确最高投标（应答）限价、承包方式、分项报价等。

7. 投标（应答）文件的格式的编制

投标（应答）文件格式应根据采购方式的不同选择不同的模板，按需对格式进行调整。

二、招标（采购）文件审查

集中招标（采购）文件审查由国网新源控股物资部门牵头组织，授权采购项目采购文件审查由项目单位组织。项目管理部门、法律部门和相关专家（如需要）对招标（采购）文件进行审查。招标（采购）文件审查重点包含资质业绩的审查、评审标准和办法的审查、技术规范及要点的审查、合同条款和报价文件的审查。

项目单位根据审查意见对批次计划、采购申请、招标（采购）文件等进行修改，形成最终版的招标（采购）文件并在ECP进行更新。

（一）资质业绩的审查

资质业绩条件设置须符合国家规定的强制性资格条件，满足对招标（采购）标的物的使用要求，保证标的物质量满足全寿命周期的运行要求；既要保障市场的供应能力，又要具备一定竞争性，有利于形成供应商进入与退出的机制，实现对供应商的优胜劣汰，并在一定时期内保持相对稳定。

（二）评审标准和办法的审查

评审标准和办法包括技术、价格、商务的权重分配、评审因素以及评审细则等。评审标准和办法应清晰明确，在招标（采购）文件中公开载明，保证评审过程公平、公正、科学合理。其中，价格计算公式要客观反映市场规律，合理引导市场价格，促进供应商有序竞争，并在招标（采购）文件中公开载明。授标原则要具体明晰，具有可操作性，保证授标过程公平、公正，授标结果唯一。

（三）技术规范及要点的审查

技术规范主要审查的内容如下：

（1）采购项目的合规性。取得相关批准或协议文件，最高投标现价报告编制合理规范，达到相应的设计深度要求，保证计划条目及技术文件的准确性、完整性。

（2）物资招标（采购）文件的合理性。招标（采购）文件对标的物及投标（应答）人的要求应合理、明确、可行，但不得对投标（应答）人实行差别待遇或歧视待遇。

（3）工程和服务招标（采购）文件的合理性。包括采购范围、工程量清单、技术条款、造价咨询单位出具的限价、施工里程碑合理性，对勘察设计进度、阶段和深度的要求等因素。

（4）招标（采购）文件的正确性和一致性。招标（采购）文件的正确性主要是指技术文件格式的正确性、组部件配置表填写规范性以及技术规范中各分表逻辑关系正确性。采购文件一致性主要是指采购文件中采购项目的名称、数量、服务期限、交货地点等关键信息的一致性。

（5）招标（采购）文件的合规性。根据项目的特点及实际需求编制，不得标明供应（服务）商名称或者特定货物的品牌（单一来源采购、询价采购除外），不得含有指向特定供应（服务）商的技术、服务等条件。技术规范书如果必须引用供应（服务）商的技术规格或标准才能准确或清楚地说明标的物的技术规格或标准时，则应列明 3 个及以上品牌的产品，并采用"参照××、××、××品牌或相当于上述品牌同等技术规格或标准的产品"字样。

（四）合同条款的审查

合同模板的选用顺序是国家或地方强制使用的文本、国家电网有限公司最新版统一合同文本、国网新源控股合同参考文本。如无可选择模板可自行编制合同，自行编制的合同文本应经法律审查同意后使用。合同条款重点审查包括支付方式及支付比例、争议解决方式、工期/服务期/供货期、货物交货地点、质保期、违约责任等内容的完整性和合法性。

（五）报价文件的审查

报价文件的审查包括模板选择的正确性，承包方式、工程量、单位、数量等关键信息的准确性。

三、招标（采购）发标管理

在集中招标（采购）文件完成审查后，招标（采购）代理机构根据批次招标（采购）项目情况编制审查要点并上报国网新源控股物资部门，国网新源控股物资部门审核后提交国网新源控股招投标工作领导小组（或办公室）❶审批，招标（采购）代理机构收到经审批的发标汇报材料后进行发标操作。

授权实施采购项目由项目单位物资管理部门组织物资需求部门、法律管理部门（或法律专责），对采购文件的完整性和规范性、采购方式及理由、专用资格要求、主要的商务技术条款等进行会审，形成发标汇报材料。物资管理部门提请召开采购工作领导小组❷会议，汇报授权采购会审情况，报采购工作领导小组审批，形成发标会议纪要，进

---

❶ 国网新源控股本部作为集中采购的采购人应设立招投标工作领导小组，负责指导和监督国网新源控股贯彻执行国家有关招标投标的法律、法规，决定采购工作中的重大事项。招投标工作领导小组办公室设在国网新源控股物资部门（招投标管理中心），负责相应领导小组的日常工作。

❷ 项目单位分别成立采购工作领导小组，由企业负责人或分管采购工作领导担任组长，领导和协调本单位采购工作，决定本单位采购工作中的重大事项。采购工作领导小组成员由各单位物资管理部门、项目需求部门、安全监察部门、法律部门、纪检部门等负责人组成。各单位采购工作领导小组应设领导小组办公室，办公室设在各单位物资管理部门，分别负责相应领导小组的日常工作。

行发标操作。

（一）招标（采购）公告或邀请函发布

（1）招标（采购）项目由招标（采购）代理机构在 ECP（https：//ecp.sgcc.com.cn/ecp2.0/portal/#/）和中国招标投标公共服务平台（www.cebpubservice.com）上发布招标（采购）公告或邀请函。

（2）竞争性谈判（磋商）、询价采购、单一来源采购项目由招标（采购）代理机构在 ECP 上发布招标（采购）公告或邀请函。

（二）招标（采购）文件获取

在国家电网有限公司各级采购活动中，招标（采购）文件免费获取。

参与 ECP 投标（应答）的投标（应答）人，须在 ECP 完成注册并办理供应商电子钥匙。

投标（应答）人需按照招标（采购）公告中规定的招标（采购）文件的获取时间及流程下载招标（采购）文件。

（三）招标（采购）文件澄清与修改

1. 招标（采购）文件澄清与修改流程

（1）投标（应答）人对招标（采购）文件中存在的遗漏、错误、含义不清甚至相互矛盾等问题提出澄清或异议。

（2）招标（采购）代理机构或项目单位物资管理部门整理汇总澄清问题，移交项目单位或需求部门组织答复。

（3）集中实施采购项目由国网新源控股项目主管部门、物资主管部门依次在 ERP 中审核招标（采购）文件技术部分的修改或澄清；国网新源控股法律主管部门、物资主管部门依次在 ERP 中审核招标（采购）文件商务部分的修改或澄清。

（4）集中实施采购项目由招标（采购）代理机构将审核通过的招标（采购）文件的修改或澄清通过 ECP 发送至所有获取招标（采购）文件的投标（应答）人。授权实施项目由项目单位根据采购文件规定发送至所有获取采购文件的应答人。

2. 招标（采购）文件澄清或修改的内容

（1）实质性澄清或修改内容。实质性澄清或修改是指对投标（应答）文件编制可能产生影响的澄清或者修改，包括对采购工程、货物或服务所需的技术规格，质量要求，竣工、交货或提ék供服务的时间，投标（应答）担保的形式和金额要求，以及需要执行的附带服务的内容改变等，给投标（应答）人带来大量额外工作的澄清或者修改。

澄清或者修改的内容可能实质性影响投标（应答）文件编制的，对于公开招标（采购）的项目，应在提交投标（应答）文件截止之日 15 日前，通知所有获取招标（采购）文件的供应（服务）商；对于公开竞争性谈判（磋商）的项目，应在首次提交投标（应答）文件截止之日 4 日前，通知所有获取招标（采购）文件的供应（服务）商；对于邀请竞争性谈判（磋商）、单一来源采购、询价采购的项目，应在首次提交投标（应答）文件截止之日 2 日前，通知所有获取招标（采购）文件的供应（服务）商。日期不满足要求的，招标人应当顺延提交投标（应答）文件的截止时间。

（2）非实质性澄清或修改内容。对投标（应答）文件编制不产生影响的澄清或者修改，包括减少资格要求审查资料、信息或者数据，调整暂估价的金额，增加暂估价项目，投标（应答）文件接收地点由相同地址的一个会议室更换至另一会议室等，可在投标（应答）截止日之前的合理时间发出。

四、招标（采购）开评标（评审）管理

招标（采购）文件获取时间截止后，招标（采购）代理机构或项目单位统计招标（采购）文件获取情况，在招标公告或邀请函载明的开标时间前确定评标（评审）场所，组建评标（评审）委员会及整理评标前资料等各项评标准备工作。

（一）评标（评审）委员会的组建

集中采购项目由招标（采购）代理机构根据招标（采购）项目特点与招标（采购）文件获取情况编制评委会方案，经国网新源控股物资部门调整、批准，招标（采购）代理机构抽取和通知专家，最终名单由招投标领导小组签发。所有评标（评审）专家于开标前集结完成，统一前往评标（评审）场所。

授权实施采购项目由项目单位物资管理部门负责组建授权采购活动评审委员会，评审委员会成员按规定从专家库中抽取产生。评审委员会由物资管理部门代表以及相应专业专家组成，人数应为三人及以上单数，抽取专家数量不少于总人数的三分之二。

（二）接收投标（应答）文件

投标（应答）文件应按照招标（采购）文件的要求密封，未按招标（采购）文件的要求密封的，投标截止时间之后送达或者未送达指定地点的投标（应答）文件，不予受理。

（三）开标

投标（应答）截止时间到，主持人宣布开标并公布相关事项。开标现场设置监督人员、法律顾问、必要时可聘请第三方公证人员。监督组人员应对投标（应答）文件接收过程进行现场监督，并宣读开标工作纪律。开标时公布参与投标（应答）人名称和报价，对投标（应答）人数量不满足开标要求的项目进行公布，并进行不开标设置。开标后价格信息公示 24 小时。

（四）评标（评审）

1. 召开评标（评审）启动会

评标活动应召开评标启动会议，需评标委员会成员、监督人员、法律人员和招标采购代理机构工作人员参加。会议内容主要是宣读评标（评审）委员会组建文件，宣布评标（评审）工作纪律，提出评标（评审）流程各项工作环节及相应的进度要求、工作质量要求，明确委员会各组职责分工，安排部署其他与评标（评审）有关的重点工作。启动会后，评标（评审）委员会全体成员统一签订廉洁保密承诺书。

2. 初评

（1）各评标（评审）小组组长根据评标专家专业、投标（应答）人数量等分配评标（评审）项目。集中实施采购项目原则上本单位专家不评审本单位项目，分工交叉审阅投标（应答）文件。每个项目均设置主、复审专家。

（2）主、复审专家依据招标（采购）文件规定评标（评审）的标准、办法、因素等对投标（应答）文件进行评审，完成初评汇报表。

（3）各评标（评审）小组组长检查组内初评汇报表并向评标（评审）委员会汇报初评情况，由评标（评审）委员会对初评情况进行审核，现场法律顾问对初评情况提出法律意见和建议，现场监督人员监督初评过程。

3. 详评

（1）按照初评情况，评标（评审）小组组长向组内专家传达否决和澄清事项。

（2）主审专家根据初评情况填写澄清和不进入详评审批单。

（3）评标（评审）小组按照招标（采购）文件中载明的评标（评审）细则，对进入详评的投标（应答）文件客观地进行技术、商务独立评分。监督组监控评分，对异常评分及时向专家提出预警，情况严重的要提请评标（评审）委员会进行专家约谈。

（4）编写评标（评审）报告。

五、招标（采购）定标管理

评标（评审）结束后，采购结果应经国网新源控股招投标工作领导小组或各项目单位采购工作领导小组会议审议，招标（采购）代理机构或项目单位按照审议结果公示中标（成交）候选人，公示无异议后发布采购结果公告。

（一）集中招标（采购）项目采购结果确认

1. 召开招投标工作领导小组会议

评标（评审）委员会应向国网新源控股物资部门提交书面评标（评审）报告，国网新源控股物资部门组织会议进行初步审核，并对本批次流标项目，提出纳入下一批采购、单独批次采购或变更采购方式实施采购等后续处理意见。审核通过后，国网新源控股物资部门提请召开招投标工作领导小组（或办公室）会议，审议批准采购结果并定标。

2. 中标（成交）候选人公示

对于采取公开方式开展招标采购活动的，招标（采购）代理机构根据定标结果，编制中标候选人公示文件，并在 ECP 发布公示文件。

对于采取公开方式开展竞争性谈判（磋商）、询价采购活动的，招标（采购）代理机构根据定标结果，编制成交候选人公示文件，并在 ECP 发布公示文件。

3. 异议接收与处理

对于公示期间收到投标人或其他利害关系人异议的，国网新源控股物资部门组织招标（采购）代理机构、国网新源控股项目主管部门、项目单位进行核实处理。如核实属实，需要做流标处理的，应由物资管理部门发起流标审批，由专业技术管理部门、法律部门会签，经招投标工作领导小组（或办公室）审批后，取消中标候选人中标资格，并向招投标工作领导小组（或办公室）汇报备案。

4. 中标（成交）结果公告

公示期结束，无异议或者异议未成立，招标（采购）代理机构应在采购结果确认后1个工作日内，在 ECP 发布成交结果公告，同时向中标（成交）人发出中标（成交）通知书。中标（成交）通知书应加盖物资管理部门和招标（采购）代理机构印章（或电子签章）。

中标（成交）结果发布后，招标（采购）代理机构应及时将中标（成交）结果流转到相关信息系统，并在相关媒介上发布。

5. 投标保证金退还

招标（采购）代理机构最迟应当在书面合同签订5日内向中标人和未中标的投标人

退还投标保证金及银行同期存款利息。招标（采购）文件可约定退还投标保证金的利息按照银行同期活期存款利率计算。

（二）授权采购项目采购结果确认

项目单位物资管理部门初步审核评审报告后形成定标汇总，包括批次概况和评标（评审）情况（包括每个应答人的应答报价、综合排序、符合性检查情况）等内容，提请采购工作领导小组审议并确定成交人，采购工作领导小组应确定排名第一的成交候选人为成交人，形成定标会议纪要。采用公开方式开展竞争性谈判（磋商）、询价采购活动的授权采购项目，采购结果经采购工作领导小组审议通过定标后，由采购代理机构在ECP发布公示文件。公示期结束，无异议或异议未成立，采购代理机构应在采购结果确认后1个工作日内，在ECP发布成交结果公告，同时向成交人发出成交通知书；成交通知书需加盖项目单位公章。

六、招标（采购）活动文件材料归档管理

采购过程结束后需对采购过程中形成的文件材料进行整理归档，保证采购过程资料的真实性、完整性和有效性。

采购活动归档文件材料是相应具体采购过程中形成的具有保存价值的文字、图表、声像等形式的全部文件材料；相关文件材料的内容应当真实、准确、完整，与采购活动实际相符合，具有有效追溯凭证作用。

集中招标（采购）活动归档文件材料由国网新源控股物资部门组织招标（采购）代理机构整理并移交相应部门或者单位；授权采购活动归档文件材料由项目单位物资管理部门整理并移交本单位档案管理部门。

（一）采购活动文件归档范围目录

1. 招标（采购）活动归档文件材料目录

（1）发布招标公告（投标邀请函）的内部审批单；

（2）招标（采购）文件及其澄清、修改函件；

（3）招标（采购）文件及其澄清、修改函件的内部审批单（如有）；

（4）中标人的投标（应答）文件及其澄清回复函件；

（5）投标（应答）文件的送达（上传交易平台信息系统）时间和密封（加密）情况；

（6）评标（评审）委员会组建审批单及组建名单；

（7）评标（评审）报告；

（8）定标审批单、会议纪要；

（9）推荐的中标候选人公示及其异议和答复；

（10）中标通知书。

2. 以竞争性谈判（磋商）、询价采购（含现场询价）、单一来源采购方式开展的采购活动归档文件材料目录

（1）发布采购邀请函（采购公告）的内部审批手续；

（2）采购文件及其澄清、修改函件；

（3）采购文件及其澄清、修改函件的内部审批单（如有）；

（4）成交供应（服务）商应答文件及其澄清回复函件；

（5）应答文件的送达（上传交易平台信息系统）时间和密封（加密）情况；

（6）评审小组组建审批单及组建名单；

（7）评审报告/现场询价结果报告；

（8）定标审批单、会议纪要；

（9）成交通知书。

3. 其他文件材料

除采购活动归档文件材料目录范围外，在竞争性谈判（磋商）、询价采购（含现场询价）、单一来源采购方式开展的采购活动中产生的具有保存价值，但不属于归档范围的文件材料，由招标（采购）代理机构或项目单位进行保存，具体保存目录主要包括：

（1）采购委托、计划；

（2）采购方案；

（3）采购文件审查相关资料、会议纪要及审批单；

（4）采购实施过程资料；

（5）评审专家相关资料；

（6）采购活动未成交人的应答文件及其澄清回复函件。

（二）移交

招标（采购）代理机构或项目单位物资管理部门应在移交相应采购活动归档文件材料时，编制两份采购活动归档文件材料移交书，分别与归档文件材料接收部门和单位办理交接手续，交接双方按照移交书内容移交接收，并在移交书上签字盖章，交接双方各执一份，以备查考。

任何单位和个人不得私自保存应当归档的采购活动文件材料，不得以任何理由拒绝移交或者接收采购活动归档文件材料，不得涂改、伪造采购活动归档文件材料。

第四节 采购管理案例分析

通过对采购管理工作中易发生问题的环节进行案例分析，归纳总结招标采购活动依法合规操作的思路、方法和典型案例，介绍问题发生的背景及引发的问题，并对原因进行分析总结，制定相应整改措施，总结经验教训，与抽水蓄能电站集中招标采购工作实际紧密联系，实用性较强，为今后工作开展提供成功经验或教育启示。

【案例 3-4-1】 专用资格要求的设置不合理

一、背景描述

某电站辅助系统阀门购置项目有 3 家投标人参与投标，均因业绩不满足招标公告专用资格要求被否决。

二、存在问题

某电站辅助系统阀门购置专用资格要求中业绩要求为：

（1）投标截止日前 5 年内，阀门制造商生产的 DN350 及以上、压力等级 PN50 及以上阀门具有单机 300MW 及以上的水电站（含抽水蓄能电站）的供货业绩。

（2）投标截止日前 5 年内，阀门制造商生产的阀门具有单机 300MW 及以上的水电站（含抽水蓄能电站）单项合同金额不低于 200 万元的供货业绩。

上述项目共有 3 家投标人，其中 A 公司提供了 2 份业绩证明材料，1 份为 DN150、压力等级 PN50 的阀门的供货业绩，1 份为 DN400、压力等级 PN25 的阀门合同金额为 350 万元的供货业绩；B 公司提供了 2 份业绩证明材料，1 份为 DN350、压力等级 PN16 的阀门的供货业绩，1 份为 DN250、压力等级 PN50 的阀门合同金额为 300 万元的供货业绩；C 公司提供了一份合同金额为 250 万元，DN350、压力等级 PN50 阀门的供货业绩，但是合同甲方为单机 150MW 的抽水蓄能电站。

A 公司和 B 公司提供的阀门业绩证明材料均是业绩要求主体的两个参数不能同时满足要求；C 公司提供的业绩证明材料不满足对抽水蓄能电站单机 300MW 及以上的要求。

三、原因分析

本项目专用资格要求的业绩要求设置时，未进行充分的市场调研，业绩要求设置过于严格，导致三家投标人均被否决，招标失败。

四、解决措施

项目单位对业绩要求主体有特殊设置时，应做好前期市场调研，既要满足电站的实际需求，又要保证有足够的潜在投标人竞争。

【案例 3-4-2】 投标人资格审查不严格

一、背景描述

在某抽水蓄能电站施工供水水泵购置合同执行中，在授权采购过程中应答人按照 13% 税率进行应答，并按照合同要求对合同范围设备进行了供货，在到货款支付环节时，发现卖方提供了 1% 的增值税专用发票。

二、存在问题

（1）应答人未按照自身企业实际情况进行报价。

（2）采购文件未要求应答人在应答文件中提供关于企业开具增值税发票相关资格的文件。

三、原因分析

为支持个体工商户应对新冠肺炎疫情防控和开展复工复业，财政部、税务总局先后下发《关于支持个体工商户复工复业增值税政策的公告》（财政部 税务总局公告 2020 年第 13 号）、《关于延长小规模纳税人减免增值税政策执行期限的公告》（财政部 税务总局公告 2020 年第 24 号），公告明确自 2020 年 3 月 1 日至 12 月 31 日，除湖北省外，其他省、自治区、直辖市的增值税小规模纳税人，适用 3% 征收率的应税销售收入，减按 1% 征收率征收增值税；适用 3% 预征率的预缴增值税项目，减按 1% 预征率预缴增值税。

根据应答人开具的税率为 1% 增值税专用发票，可以推断应答人为小规模纳税人，但在应答过程中，应答人是按照税率为 13% 的一般纳税人的缴税标准进行报价。因此，应答人无法开具 13% 的增值税专用发票，又因新冠肺炎疫情原因，仅能开具 1% 的增值税专用发票。

四、解决措施

（1）要求应答人在应答文件中提供税务机关出具的开具增值税专用发票证明或近一年内开具的发票扫描件。

（2）在采购文件的报价文件中要求应答人承诺按照国家现行税收政策开具增值税专

用发票。

（3）要求本项目应答人严格按照应答文件承诺的 13％税率进行开具增值税专用发票，如应答人无法开具，需按照合同中规定的相应违约条款进行处罚，并会同审计、法律和财务意见进行处理。

【案例 3-4-3】 采购活动文件归档不规范

一、背景描述

在某抽水蓄能电站水情自动测报系统合同归档过程中，仅将所签订合同、授权委托书、中标通知书进行归档。同时，归档人员将该项目采购活动文件材料单独进行了归档。

二、存在问题

项目采购活动文件材料是单独归档还是同合同档案一同归档？

三、原因分析

案例中，归档人员未能理解招投标文件与合同档案之间关系，将两者单独归档。

四、解决措施

招投标文件中的通用资格条件、专用资格条件、技术规范、合同条款等均是合同的重要组成部分，也是签订合同的重要依据。因此，在合同归档资料中，应将招投标文件统一进行归档。

五、结果评析

根据《国网新源控股有限公司合同管理手册》（新源经法〔2020〕441 号）第七条合同归档与备案规定：

（1）合同承办部门负责合同文本等相关资料的收集、整理，并按档案管理要求及时归档。合同文本等相关资料归档后由本单位档案管理部门保管。合同归口管理部门对合同承办部门的合同归档工作进行督促，并向档案管理部门提供咨询。

（2）合同归档内容应当包括：

1）合同签订依据等背景材料；

2）合同谈判、签订、履行等往来过程中形成的会议纪要、备忘录、担保文件等具有法律效力的文件；

3）合同对方的法人营业执照或营业执照、证明文件等资料；

4）合同审批流程记录；

5）合同文本；

6）签约各方授权委托书原件或复印件（如有）；

7）合同争议解决的有关资料（如有）；

8）其他需要归档的资料。

（3）归档的纸质文件材料应当字迹清晰，图标整洁，签字盖章手续完备。书写字迹应当符合耐久性要求，不能用易褪色的书写材料书写、绘制。项目单位在整理归档采购活动文件材料时，应将合同归档资料与采购活动文件材料统一进行归档。

【案例 3-4-4】 现场询价成员对询价结果推荐意见不一致

一、背景描述

现场询价成员对某抽水蓄能电站专利代理服务项目开展现场询价，符合项目专用资格要求的询价对象有 A、B、C 共 3 家单位，3 家现场询价情况见表 3-4-1，现场询价成员编写现场询价结果报告推荐成交人出现了不同意见。

表 3-4-1 现场询价情况

单位：元

询价对象	不含税价	税率	含税价格
A 公司	62 000	6%	65 720
B 公司	60 000	6%	63 600
C 公司	61 000	3%	62 830

二、存在问题

（1）项目单位授权采购询价成员对现场询价价格评审理解不一致。

（2）一般纳税人和小规模纳税人税率不一致。

三、原因分析

询价成员意见分歧点在于该项目应推荐 B 公司还是 C 公司。

（1）有成员建议推荐 B 公司，其理由是根据招标投标"公平"原则，以不含税价格评审最为公平，B 公司不含税价格最低，理应推荐 B 公司。同时，站在项目单位角度，若推荐 C 公司，同样服务内容，项目单位将额外多支付 1000 元。

（2）有成员建议推荐 C 公司，其理由是现场询价最低价成交原则，应该按照含税价格最低进行推荐。

四、解决措施

（1）在报价文件中明确不含税最低价成交或含税价格最低价成交原则。

（2）在报价文件中要求应答人填报含税价格，并承诺按照国家现行税收政策开具增值税专用发票。

【巩固与提升】

1. 简述投标（应答）人参与 ECP 投标（应答）必须满足的两个条件。

2. 简述招标（采购）文件澄清与修改流程。

3. 简述国网新源控股采购活动中常用的采购方式。

4. 简述采购活动文件归档材料范围目录。

第四章　物　资　合　同　管　理

物资合同管理是物资管理的关键环节，规范物资合同管理，对加强物资合同管理的规范化和法律化至关重要。本章主要介绍物资合同管理概述、物资合同管理流程和物资合同管理案例分析三部分内容。

	学习目标
知识目标	1. 了解物资合同管理的相关定义，掌握物资合同管理的主要内容 2. 熟练掌握物资合同条款、签订、履行等一系列管理流程 3. 严格按照"统一归口、统一职责、统一流程、统一分类、统一文本、统一平台"的流程实施物资合同管理
技能目标	1. 能够正确编制物资合同文本，并完成审核、签订及生效 2. 合法合规地进行物资合同履行、结算以及变更与解除 3. 掌握 ERP 与合同管理信息系统的使用方法
素质目标	1. 增强法律认识，提高合同意识 2. 培养严肃认真的工作作风 3. 养成严格执行物资合同管理手册的好习惯

第一节　物资合同管理概述

合同具有约束合同双方共同履行责任和义务，阐明双方需要在期限内进行工作的作用，一旦发生违约事件，可依据合同明确处理依据、处理方法及处理法律程序等。本节主要介绍合同定义与种类、物资合同管理定义、物资合同文本构成和物资合同文本编制的核心条款四部分内容。

一、合同定义与种类

（一）合同

合同是民事主体之间设立、变更、终止民事法律关系的协议。依法成立的合同，受法律保护。当事人订立合同，可以采取要约、承诺方式或者其他方式。

合同的内容由当事人约定，一般包括当事人的姓名（名称）和住所、标的、数量、质量、价款或者报酬、履行期限、履行地点、履行方式、违约责任及解决争议方法等。

当事人可以参照各类合同的示范文本订立合同。

（二）常用合同种类

在抽水蓄能电站中，常用的合同种类是买卖合同、租赁合同、建设工程合同、运输合同、技术合同、仓储合同和物业服务合同等。

1. 买卖合同

买卖合同是出卖人转移标的物的所有权于买受人，买受人支付价款的合同。买卖合同的内容一般包括标的物的名称、数量、质量、价款、履行期限、履行地点和方式、包装方式、检验标准和方法、结算方式、合同使用的文字及其效力等条款。

2. 租赁合同

租赁合同是出租人将租赁物交付承租人使用、收益，承租人支付租金的合同。租赁合同的内容一般包括租赁物的名称、数量、用途、租赁期限、租金及其支付期限和方式、租赁物维修等条款。租赁期限不得超过二十年；超过二十年的，超过部分无效。租赁期限届满，当事人可以续订租赁合同；但约定的租赁期限自续订之日起不得超过二十年。

3. 建设工程合同

建设工程合同是承包人进行工程建设，发包人支付价款的合同。建设工程合同包括工程勘察、设计和施工合同。建设工程合同应采用书面形式。

4. 运输合同

运输合同是承运人将旅客或者货物从起运地点运输到约定地点，旅客、托运人或者收货人支付票款或运输费用的合同。承运人应当在约定期限或合理期限内将旅客、货物安全运输到约定地点。

5. 技术合同

技术合同是当事人就技术开发、转让、许可、咨询或服务订立的确立相互之间权利和义务的合同。技术合同的内容一般包括项目的名称，标的的内容、范围和要求，履行的计划、地点和方式，技术信息和资料的保密，技术成果的归属和收益的分配办法，验收标准和方法，名词和术语的解释等条款。与履行合同有关的技术背景资料、可行性论证和技术评价报告、项目任务书和计划书、技术标准、技术规范、原始设计和工艺文件，以及其他技术文档，按照当事人的约定可以作为合同的组成部分。技术合同涉及专利的，应当注明发明创造的名称、专利申请人和专利权人、申请日期、申请号、专利号以及专利权的有效期限。

6. 仓储合同

仓储合同是保管人储存存货人交付的仓储物，存货人支付仓储费的合同。仓储合同自保管人和存货人意思表示一致时成立。

7. 物业服务合同

物业服务合同是物业服务人员❶在物业服务区域内，为需求单位提供建筑物及其附属设施的维修养护、环境卫生和相关秩序的管理维护等物业服务，需求单位支付物业费的合同。物业服务合同的内容一般包括服务事项、服务质量、服务费用的标准和收取办法、维修资金的使用、服务用房的管理和使用、服务期限和服务交接等条款。物业服务合同应采用书面形式。

二、物资合同管理定义

（一）物资采购合同

物资采购合同（简称"物资合同"）是指通过集中采购用于满足企业工程建设，生

---

❶ 物业服务人包括物业服务企业和其他管理人。

产运营所需货物的采购合同。

（二）物资合同管理

物资合同管理是对以自身为当事人的物资合同依法进行物资合同签订、履行、变更、解除、索赔、结算、归档、信息管理、检查及考核等一系列行为的总称。

三、物资合同文本构成

物资合同一般由合同协议书、合同通用条款、合同专用条款和合同附件四部分组成。

（一）合同协议书

合同协议书由合同协议书词语含义、合同组成部分、合同标的、合同价格与支付、买卖双方承诺、争议解决、合同生效和份数八个条款，一个签署页及"已标价合同货物清单"格式组成。

（二）合同通用条款

物资合同通用条款对物资采购工作当中具有广泛适用性的内容进行了明确，包括合同标的、合同价格、交货、包装与标记、到货验收、安装和质量保证、违约责任、不可抗力、适用法律、争议解决、合同生效、份数和保密等多个条款。在统一文本中，合同通用条款根据不同采购物资的合同所包含的内容、侧重点均有不同。

（三）合同专用条款

合同专用条款是合同各方经协商后，对通用条款的修改或补充事项约定的内容，效力优先级高于通用合同条款。合同专用条款，约定内容作为合同审批的重点关注内容。

（四）合同附件

合同附件包含履约保函格式、技术规范、安全协议以及廉政协议等多项内容。保函为无条件的不可撤销的银行保函，如果由于卖方在履行采购合同过程中的作为或不作为、故意、疏忽或过失、过错等原因，使买家遭受或可能遭受任何损失时，买方即可向银行发出要求支付的书面通知，无需随附任何证据或证据性材料，也无需说明任何理由。银行在收到通知后将立即按该书面通知所要求的支付金额和时间进行支付。

四、物资合同文本编制的核心条款

物资合同文本的核心条款是合同编制和合同审核的关键把控点。物资合同文本包括合同价格、交货时间、交货方式、交货地点、进度要求、技术服务要求、质量保证要求、履约保证金、违约责任及争议解决。

（一）合同价格

合同价格是供应商将合同货物交到约定地点，并履行其他合同义务所应收取的全部费用，包括合同货物的价款、运输费、保险费、包装费、税费和技术服务费等。

（二）交货

交货条款约定了供应商交付合同货物的交货时间、交货方式、交货地点、进度要求、交货通知、交货注意事项和保险等，并对合同货物风险转移、货物包装检查和现场货物交接等问题进行明确。

（三）技术服务

根据现场实际需要，供应商应按照技术规范书的约定指派经验丰富的技术人员到现场提供技术服务，负责解决合同货物在开箱验收、安装、调试和试运行过程中发现的问题。同时，约定供应商派往现场参加开箱检验的人员应能够全权处理开箱检验中出现的问题；参加指导安装调试的人员应有合格的技术水平，能够协调或解决安装调试过程中的全部问题；参加试运行的人员应能够全权处理合同货物试运行中的所有问题。

（四）质量保证

1. 质量管控手段

质量管控手段约定可采用监造、抽检和现场检验三种方式对供应商提供的合同货物进行质量管控。监造是在制造过程中对合同货物的工艺流程、制造质量及进度等进行监督；抽检是在供应商厂内或货物到达现场后，对合同货物的原材料、元器件、关键工艺、成品等进行检查和抽样试验抽检；现场检验是在合同货物到达交货地点后，需求单位与供应商一起对合同货物的附随资料、包装、外观、件数及合同货物是否符合合同约定进行检验，检验合格后填写到货验收单。

2. 质量保证期和货物寿命期

合同货物通过验收并投运后，根据不同货物特性，有 12～36 个月的质量保证期。当合同货物总装后试验不合格、合同货物运行期间试验不合格时，经处理试验合格后，质量保证期将延长 2 年。质量保证期内，由于供应商责任导致合同货物停运时，质量保证期自供应商消除该缺陷后重新计算。质量保证期内发现合同货物部件出现缺陷但不影响货物的正常运行时，经维修或更换后的部件质量保证期重新计算。

3. 货物缺陷的补救

当合同货物有缺陷、不符合合同约定，买方有权从修理、更换、退货、削价、从第三方采购五种补救措施中选择一种或几种，要求供应商对货物的缺陷进行补救。合同货物经过修理后仍不满足合同要求，买方可以继续选择修理、更换、退货、削价或从第三方采购。

（五）履约保证金

履约保证金是为合同履行所提供的一种金钱保证，是供应商履行合同义务的担保，若供应商未能履行本合同项下的任何义务，买方有权根据供应商所需承担的违约责任扣除相应的履约保证金。履约保证金应为买方认可的中国境内银行出具的银行保函，或者现金、汇票、支票及保险等。履约保证金期限为合同项下货物全部完成安装、调试、性能试验和验收合格并经买方验收合格，投入运行时间在履约保函担保期限之内的，在货物验收合格投入运行并无索赔（有索赔的待索赔完成）之日起 10 个工作日内将履约保函退还给供应商。低于人民币 50 万元的采购合同可不设履约保证金。

（六）违约责任

合同文本可规定对供应商逾期送达发票、逾期退款、验收不合格、抽检不合格、出厂试验不合格、迟延交货、技术资料交付不及时、技术服务错误或疏忽、现场服务迟延、延误投运、无法供货、擅自变更原材料供应商或违反其他合同约定时所需承担的违约责任，也规定了买方延期支付的违约责任。当供应商需支付各项违约金累计达到合同价格 20％时，买方有权退货或解除合同。

（七）争议解决

当买方与供应商就合同是否成立、生效、合同成立的时间、合同内容的解释、合同的履行、合同责任的承担以及合同的变更、解除、转让等有关事项产生的纠纷时，双方应首先通过友好协商解决；协商不成的，向买方所在地有管辖权的人民法院提起诉讼。

第二节　物资合同管理流程

物资合同管理有规范流程及要求，强化物资合同管理，深化物资合同履约跟踪追溯，对物资合同的顺利执行起到促进作用。物资合同管理工作涉及面广，需要相关部门相互支持、密切配合、通力合作，才能确保物资合同管理有序开展。物资合同管理流程主要包括物资合同签订、履行、变更与解除及结算等工作。

一、物资合同签订

物资合同承办部门负责组织物资合同的签订。招标（采购）时，优先使用国家电网有限公司统一发布的合同文本，物资合同编制时确需对统一合同文本条款进行增减、修改的，应在"合同专用条款"或"特别约定"中约定。物资合同中通用条款和专用条款，以招标（采购）文件规定并经投标（应答）及澄清文件确认的为准。

物资合同编制时应依据招标（采购）文件合同模板，并结合中标人的投标文件（成交人的应答文件）起草签订，不得签订背离采购标的、合同金额、结算支付方式、交货期、违约责任等合同实质性内容的其他协议。

物资合同签订工作应在中标（成交）通知书发出之日起 30 日内完成。若招标（采购）文件约定的时间短于 30 日，则应在约定时间内完成。

电子商务平台 ECP 是物资合同起草、签订平台，合同管理信息系统是物资合同的审核会签平台，企业资源管理系统 ERP 是采购订单创建及合同结算管理平台。物资合同应依据采购结果，在 ECP、合同管理信息系统、ERP 进行合同起草签订、审核会签、订单创建及合同结算等操作。

物资合同应采用书面形式订立，经合同各方法定代表人或其授权代理人❶签署，并加盖公章或合同专用章后生效。

（一）合同签订差异处理

物资合同签订前，应认真核对中标（成交）通知书、招投标文件（采购、应答文件）、澄清修改等采购结果。若出现招投标文件的技术、商务文件内容不一致，采购、应答文件内容不一致，或信息系统数据传输不一致等情况，合同承办人应填写差异处理申请单（见表 4 - 2 - 1），提出差异处理申请。

---

❶　授权代理人是指当法定代表人不能亲自签署合同的，采取书面授权委托书形式指定人员代表其公司全权办理项目投标、谈判、签约、执行等具体工作。授权委托书须经法定代表人签字并加盖公章或合同专用章。

表 4-2-1   差异处理申请单

提交时间：2022年7月5日

中标通知号码	SGXY-2020J05-003 （见中标/成交通知书）	供应商名称	××公司
物资条目数	××条	差异金额	××××万元
差异类型	如投标文件供货范围与澄清不一致		

差异说明/需确认事项	详细说明差异情况，涉及供货范围和分项价格的，应附件书面列明供货范围、分项价格及总价明细 <div align="right">2022年7月5日</div>		
	物资需求部门（签字/盖章）同某		
	经办人：邓某 2022年7月5日	审核人：张某 2022年7月5日	审批人：刘某 2022年7月5日

差异处理意见	对差异情况如何处理进行详细说明，如：澄清与招投标文件或中标通知书不一致，招投标商务技术文件供货范围不一致在签约时如何处理等。 明确差异处理意见或进行系统数据处理，并列明调整明细		
	招投标管理中心（签字/盖章）		
	经办人：李某 2022年7月5日	审核人：吴某 2022年7月5日	审批人：于某 2022年7月5日

集中采购与授权采购的物资，差异申请单具体批复流程也有不同，具体如下：

1. 集中采购的物资

集中采购的物资，差异申请需要由该合同物资集中采购主管部门审批。差异处理申请单由物资需求单位的合同经办人、部门负责人以及业务分管领导审核签字盖章后，提交该合同物资集中采购主管部门，其根据情况明确差异处理意见或进行系统数据处理，涉及供货范围、分项价格或总价调整的，物资需求单位应列出调整明细。物资需求单位根据差异申请处理结果组织物资合同签订。

2. 授权采购的物资

授权采购的物资，差异申请办理由物资需求单位组织开展。

对于因供应商对招标（采购）文件理解偏差、投标（应答）失误或者其他原因而提出的差异申请，严格按招标（采购）文件规定处理。

经合同谈判确认无法签订合同时，物资需求单位（法人组织）应与供应商订立不再签订合同的协议或情况说明，经双方法定代表人或其授权代表签字并加盖法人公章；如供应商拒不配合，由物资需求单位向上级采购主管部门出具取消合同签订的说明并加盖法人公章。因供应商原因导致物资合同无法签订的，纳入供应商不良行为处理（以企业内部相关管理要求为准，下同）。

（二）合同文本生成与审核

采购完成后，采购中标结果由 ECP 发送至 ERP。

物资需求单位物资管理部门在收到招标（采购）结果后，立即将相关资料移交合同承办人，由合同承办人起草合同，视情况组织供应商进行合同谈判和差异处理，并在规定时间内完成合同文本生成与审核，确保合同签订按时完成。

涉及物资合同技术部分和商务部分需进一步细化、明确，或非实质性条款变化的，物资合同承办部门组织物资需求部门（项目管理部门）、财务管理部门、审计管理部门、安监管理部（如供应商有现场工作）、法律管理部门与供应商进行合同谈判，形成合同谈判纪要，经物资需求单位参会人员确认签字，供应商法人或授权代表确认签字后，作为合同文本的补充说明。

通用和标准化设备材料原则上不单独签订技术协议。对于新应用设备材料、技术复杂或项目实施的关键物资，物资合同承办部门可根据需要组织物资需求部门（项目管理部门）、设计单位（如有）、监理单位（如有）、监造单位（如有）等相关单位与供应商进行技术谈判，签订技术协议。技术协议的签订不得改变中标（成交）结果，技术协议与技术规范发生差异时，形成差异记录，经物资需求单位内部审核会签后，作为签订物资合同的支撑性补充材料。

物资合同承办部门在ECP维护合同基本信息（包括技术协议、谈判纪要等），通知供应商进行合同信息在线确认，经供应商确认后审批通过合同草稿。供应商对物资合同草稿再次进行确认，如果内容有误，由物资合同承办部门重新组织办理；如果内容无误，进入合同审核会签。

物资合同草稿审批通过后，ECP将合同结构化信息（即合同协议书、供货范围及分项报价分析表等）传送至ERP，物资合同承办人在ERP生成采购订单后，ERP将合同信息传输至合同管理信息系统。合同承办人在合同管理信息系统上传合同签约依据、合同谈判纪要（如有）、合同对方的法人营业执照（若需要）、证明文件等。合同签约依据包括中标（成交）结果通知书、技术协议（如有）、招标（采购）文件（若需要）、投标（应答）文件（若需要）以及相关发文（如有）等。然后发起审批会签流程，各合同流转会签部门及审批人在合同管理信息系统对合同进行审核流转。原则上，各合同会签部门的审核期限为2个工作日；采用非政府部门制定的文本、非国家电网有限公司统一合同文本或非公司合同参考文本的，审核期限为3个工作日；遇特殊情况需延长审核期限的，审核部门应向承办部门说明理由。

物资合同审核部门会签合同时，在不改变中标（成交）结果的前提下，对发现的重大错误、遗漏和不妥之处，应在合同审核会签时予以明确并提出修改意见。需要退改时，应连同全部资料退还。合同承办人按相关意见修改之后，重新提交审核会签，审核期限重新计算。合同承办人对审核人员退回修改的物资合同应在规定时限内完成修改并重新提交审核，确实无法修改的，应向审核人员说明理由。

合同管理信息系统审核流转完成后生成合同编号，回传至ERP、ECP，系统自动释放ERP采购订单状态为审核通过，自动释放ECP合同状态为审核通过。物资合同线上签订流程图如图4-2-1所示。

（三）合同签订与生效

合同文本经过审核会签后，开展合同签订。

合同签订前，合同承办人应仔细核对供应商提供的相应资料，包括与采购需求相对

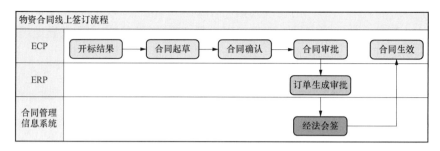

图 4-2-1 物资合同线上签订流程图

应的中标（成交）通知书、有效期内的营业执照以及法定代表人或负责人身份证明文件、有效的授权委托书以及被授权人身份证明文件等。合同对方签订人的名称（姓名），应与其企业法人营业执照、组织机构代码证（如有）或身份证所记载的内容一致。上述信息确认无误后，开展合同签订工作。

采用纸质形式订立合同的，合同承办部门组织物资需求单位法定代表人或被授权代理人与供应商线下签字并加盖公章或合同专用章，合同文本需逐页小签或加盖合同骑缝章。如需签订技术协议，应对合同技术协议逐页小签或加盖合同骑缝章。采用电子合同的，组织供应商使用电子签章在线签订，物资需求单位、供应商在线下载电子合同，各自根据需要印刷纸质合同。

物资需求单位合同专用章及授权代理人印鉴按照企业内部合同用印相关制度规定由专人负责保管使用，并建立相应的合同专用章使用台账，不得对审核手续不完整的合同用印。

物资合同签署完成后，物资合同承办人根据合同管理信息系统与 ERP 回传信息，在 ECP 和合同管理信息系统进行合同生效操作；合同承办人需及时将盖章后的物资合同交给相应供应商，并在物资合同签订后 5 日内将合同及合同支撑性文件分发至物资需求部门或项目管理部门等。

（四）注意事项

（1）注意是否存在先履行供货后补合同的情况或已履行供货但未签订合同的情况；注意合同签订前是否履行采购流程，采购过程资料是否齐全；注意供应商是否具有签约资格，不得出现合同主体不具备项目要求的资质条件。

（2）注意合同签订程序是否合规，如直接线下签订合同、未在合同管理信息系统流转等。注意是否存在授权代理人无授权签订合同或超代理权限签订合同的情况，如供应商授权代理人签署合同，但无授权委托书。注意合同会签手续是否及时、完备、规范，不得出现合同签订无审核会签单或会签手续不完整、签字不齐全等情况。注意是否在投标（应答）有效期内签订合同，如采购合同在招标（采购）文件未约定时限，应在中标（成交）通知书发出之日起 30 日内完成合同签订工作。

（3）注意合同内容是否符合招投标文件约定，是否存在有悖于投标（应答）文件的实质性内容，是否存在对招标（采购）结果的实质性变更，如合同条款出现较大背离、增加合同内容、调整合同金额等。

（4）注意合同关键要素是否完整，如有无签订时间、合同范围、价款或未约定合同违约解决方式等。

（5）注意合同内容是否合理、合规，权利义务关系是否约定清晰，前后内容是否存在不一致的地方，如工期前后约定是否一致、支付条款是否合理合规、税票税率是否符合法律法规要求等。

二、物资合同履行

物资合同承办部门建立"月计划、周协调、日调度"的履约机制，开展供应计划编制和调整、合同变更、生产发运、交付验收、现场服务、履约评价等履约工作。

（一）物资供应计划

1. 物资供应计划定义

物资供应计划是根据物资需求计划、合同订单信息和供应商实际生产情况或供货能力协商确定的供货计划，包含交货物资名称、计划交货数量、交货期、交货地点等信息。物资供应计划应由物资合同承办部门和供应商协同确认。

重点物资一般要求制定物资供应计划。重点物资指生产周期较长、影响工程投运的关键物资，一般指主进出水阀、水泵水轮机、发电电动机组部件及其附属设备，桥式起重机、闸门、启闭机等金属结构设备，220kV 及以上电压等级的变压器、电抗器、断路器、组合电器等输变电设备，压力钢板、电力电缆等工程建设材料。

2. 物资供应计划编制

合同生效后，物资需求部门（项目管理部门）根据工程里程碑计划、现场实际需求、生产运输周期等，组织施工单位（如需要）、监理单位（如需要）梳理物资需求计划，包含所需物资名称、需求时间、需求地点等信息。保证物资生产交付进度与现场建设进度有机衔接。

物资合同承办部门根据物资需求计划和合同交货期，及时组织物资需求部门（项目管理部门）和供应商等编制、调整、确认物资供应计划。

3. 物资供应计划交货期变更

为保证供应商有序备料及生产，除工程里程碑计划发生调整外，原则上经各方确认或审定的物资供应计划不予调整，确需调整要严格履行审批程序。

由于工程项目延期或提前、现场不具备收货条件等原因，造成实际需求与物资供应计划不一致时，物资需求部门（项目管理部门）应及时向物资合同承办部门书面提出物资供应计划变更需求。

因供应商生产进度原因需调整供应计划的，供应商应及时提出交货期变更申请。

重点物资交货期变更原则上应满足现场使用需求，且不迟于原交货期 60 日前提出，一般物资交货期变更在原交货期 40 日前提出。

物资合同承办部门收到物资供应计划变更需求后，组织物资需求部门（项目管理部门）、供应商，根据工程建设进度计划以及供应商生产情况，评估是否影响其他物资供应计划，协调确认物资供应计划调整或调整建议，并在 ERP、ECP 等信息系统及时维护和更新物资供应计划。

4. 物资供应保障措施

合同物资需分批次交货时，物资合同承办部门组织物资需求部门（项目管理部门）、供应商共同确认交货批次、数量、时间，并在 ERP、ECP 等信息系统中进行物资供应计划拆分及信息维护。

物资需求部门（项目管理部门）组织召开的设计联络会、技术交底会等会议，应通知物资合同承办部门参加。技术确认过程中，如有合同供货范围调整、组部件变化等需求，应及时发起合同变更流程。

物资需求部门（项目管理部门）负责督促供应商、设计单位及时提交和确认图纸。图纸确认后需给供应商预留合理生产周期。

对于主变压器、主进出水阀、水泵水轮机、发电电动机等重点物资，物资需求部门（项目管理部门）在电工装备智慧物联平台 EIP 等信息系统配置生产工序模版，明确备料、关键工序及出厂试验等主要节点填写要求，物资合同承办部门督促供应商在图纸确认后 7 日内根据工序模板完成排产计划提报。

水泵水轮机、发电电动机等大件设备，供应商要制定大件运输计划，明确承运商选择时间、踏勘时间、大件运输方案制定时间和运输方案审查时间等。

依据物资合同台账及物资供应计划，物资合同承办部门要定期跟踪物资合同履约进度。实时掌握工程项目实施进度、物资生产进度和计划交货时间等信息。

物资合同承办部门通过线上供需协同、工作联系单、专题约谈、专项协调会和驻厂催交等方式协调处理物资合同履行过程中出现的问题。经协调未能有效解决的重大履行问题应及时上报至上级物资主管部门及项目主管部门协调处理。

（二）物资生产与发运

物资合同承办部门应加强物资生产及运输管理，及时跟踪供应商生产及运输情况，重点了解物资到货需求，组织做好供应商生产、发货和到货衔接工作。

1. 物资生产

对于纳入实物 ID 管理的物资，物资合同承办部门督促供应商在设备出厂前完成实物 ID 标签安装、参数录入。

物资合同承办部门督促供应商及时、准确维护生产进度信息。对于重点物资，可利用现代智慧供应链线上供需协同、设备监造、制造巡检和电话询问等多种方式，掌握供应商生产进度，重点关注图纸交付、备料、生产和试验等信息，及早发现并协调解决生产过程中的问题，将相关信息及时反馈给物资需求部门（项目管理部门）。

对于生产进度滞后的供应商，根据问题严重程度及工程进度紧迫程度，可采取现代智慧供应链线上供需协同、函件催交、约谈、驻厂催交、生产巡查、召开专题协调会和供应商不良行为上报等形式督促供应商加强生产管控，确保生产进度满足工程建设需要。

接到监造单位或供应商函告参加出厂试验或关键点见证时，物资合同承办部门根据物资合同约定及设备材料监造、抽检要求，组织相关人员参加现场见证或远程视频见证。

2. 物资发运

物资合同承办部门根据物资供应计划及时通知供应商发货。预埋件、地脚螺栓、构支架、暖通、油浸设备套管和绝缘油及附件等需早于本体到货的物资，发货通知中应注明提前到货时间。

物资合同承办部门督促供应商在接收发货通知后提供供应商联系人及联系方式、承运商联系人及联系方式、预计发货期、预计到货期等信息，根据发货通知要求组织发货。

物资合同承办部门需在物资交货期前 7 日通知物资需求部门（项目管理部门）和货物接收人员做好吊具、站内引领等接货、验收准备，密切跟踪重点物资发运及运输进展。直发现场的物资生产完毕后，如现场和仓库都不具备收货条件，由物资需求部门（项目管理部门）安排场地进行暂时储存。

物资生产完成后，因物资需求单位原因导致物资存放供应商超过合同约定交货期3个月无法交付现场或无法安排场地暂存的，物资需求部门（项目管理部门）组织开展厂内交接、验收，验收合格后，物资需求单位与供应商协商一致并签订物资寄存协议。物资寄存协议中明确委托保管合同物资明细及要求、双方权利与义务以及违约责任。物资寄存协议明确物资权属归物资需求单位后，物资合同承办部门办理相关到货款的结算手续。与此同时，物资合同承办部门和物资需求部门（项目管理部门）需密切关注物资所寄存供应商的生产经营情况，对寄存物资采取贴封条、远程电子监控、寄存情况抽查等保障措施，一旦发现经营异常等情况，需要求寄存供应商整改或将寄存物资收回。

超过合同交货期12个月尚未履行或暂停履行的物资合同，已生产完成部分，物资合同承办部门会同物资需求部门（项目管理部门）组织到货验收，交接后，办理货款支付手续；未生产完成部分，双方结合工程情况友好协商，办理合同变更或解除。

（三）物资交接与验收

物资合同承办人员根据发货通知和运输计划信息（包括物资名称、合同号、预计发货时间、预计到货时间、交货数量和运输方式等），跟踪物资发运情况，提前协调做好现场收货、交接验收和仓储或转运的准备工作。

1. 物资交接

供应商按约定的交货期，携带货物交接单（以供应商提供的交接单格式为准，物资需求单位也可提供模板给其参考）送货到指定地点。

物资到货后，物资合同承办部门应在1日内清点物资数量，检查外观有无残损，外包装是否符合合同规定要求，并清点随货提供的货物清单、装箱单等资料，与供应商办理货物交接手续，签署货物交接单。直发项目现场的物资，可由物资需求部门（项目管理部门）清点物资数量、进行外观验收，办理货物交接单。不满足合同要求、物资外包装残损或数量出现短缺的应不予办理货物交接，由供应商负责进行处理、解决，并做好记录。未到货物资不得办理货物交接单。

2. 物资验收

物资到货交接后，具备到货验收条件的物资，应同步进行到货验收，若暂不具备到货验收条件的物资，原则上应在货物交接后15日内完成到货验收。对于直发项目现场又不能及时进行开箱验收的物资，由物资需求部门（项目管理部门）负责物资的现场保管，并协商供应商确定开箱验收时间，条件具备后再组织相关方进行开箱验收。

到货验收是由物资合同承办部门组织物资需求部门（项目管理部门）、施工单位（如有）、监理单位（如有）等与供应商对物资的型号、规格、数量和性能参数等进行到货验收。对于特型或特定设备到货验收时，物资需求部门（项目管理部门）组织相关技术人员及设计人员一同到场参与验收。

到货验收重点检查的事项有检查装箱单、合格证（如有）、报关单（如有）、使用说明书和手册（如有）和出厂报告（如有）等资料是否齐全；检查产品外观，清点数量，核对实物与装箱单是否一致，实物与物资合同供货清单是否一致；核对型号、规格和技术参数等是否符合合同有关内容；对于有驻厂监造的物资，检查是否随货提供监造单位确认的出厂见证证明；纳入实物 ID 管理的物资，要检查二维码铭牌和 RFID 电子标签的编码、外观和安装等是否完整和规范；对于分批办理到货款的物资，技术资料、备品备件和专用工具可随最后一批物资办理到货交接。

到货验收合格后，由供应商交付人、物资合同承办部门、物资需求部门（项目管理部门）三方签署到货验收单（见表 4-2-2）。根据实际工作情况，施工单位和监理单位签字可纳入到货验收单签署。

表 4-2-2　　　　　　　　　　到货验收单

到货验收单号：　　　　　　　　　　　采购订单号：

合同名称：	××采购合同		合同编号：			（合同管理信息系统生成）			
项目单位：	××抽水蓄能有限公司		供应商：				××公司		
项目名称：	与综合计划一致		承运人电话：			×××-××××-××××			
收货联系人/电话：	×××-××××-××××		交货地点			（根据合同要求）			
序号	物料编码	物料描述	合同数量	单位	发货数量	到货数量	到货时间	交接时间	开箱检验情况
1	500000004	电抗器	1	个	1	1	2020.05.10	2020.05.10	设备外观完好，合格证、说明书、试验报告齐全
备注									
物资合同承办部门（签字/时间）		杨某 2020年5月23日		物资需求部门/项目管理部门（签字/时间）				周某 2020年5月23日	
供应商（签字/时间）		韩某 2020年5月23日	监理单位（如有）（签字/时间）		刘某 2020年5月23日		施工单位（如有）（签字/时间）		邓某 2020年5月23日

注　1. 到货验收应说明本单物资到货数量、重量、附件、文件资料等情况。
　　2. 本验收单为买卖双方物资交接验收，货款结算的重要凭证，双方应妥善保管。货物交接单及到货验收单一式三份，仓库、财务管理部门、档案室各留一份。

到货验收单中物资规格、数量必须与现场实际到货保持一致。需在开箱检验情况栏详细说明设备外观是否完好，合格证、说明书和试验报告等是否齐全。未到货物资、验收不合格物资不得办理到货验收单。若到货验收单办理后，发生物资遗失和损坏的，由物资需求单位承担损失。

到货物资在验收时发现部分产品存在缺陷需修、退、换货的，对供应商运抵物资需求单位的验收合格的物资，可暂不签署货物交接单和到货验收单做"寄存"处理，并做好记录。对待检品、合格品和不合格品等应明确标识，分别存放，并立即隔离不合格品处理，由物资需求部门（项目管理部门）、物资合同承办部门和供应商现场各方代表签字确认。

物资到货验收中发现物资不符合合同要求且经双方代表确认属供应商责任的，物资合同承办部门协调供应商限期处理；对于可现场处理的问题，要求供应商在规定期限内现场进行缺陷处理；对于不可现场处理的问题，要求供应商在规定期限内返厂处理；对于物资少量缺失或备品备件缺失的情况，要求供应商立即发货补齐。

供应商提供的物资资料不齐全或发票不合格，对供应商运抵物资需求单位的验收合格的物资，可办理入库，也可暂不签署货物交接单和到货验收单，并做"寄存"处理。

到货验收时，若经书面发函通知，供应商仍未按时到达现场参与验收的，视同供应商认可验收结果。

到货验收后（完成到货验收单签署），仓库保管员原则上应在30日内办理完实物上架和在仓储管理信息系统❶办理入库手续，将归档文件材料整理后移交至负责物资合同归档人员

（四）现场服务

物资合同承办部门按照合同约定、现场需求协调供应商开展现场服务，包括技术服务、消缺补件和设备安装调试等工作。供应商现场服务人员进入施工现场的安全和工作管理由物资需求部门（项目管理部门）及施工单位负责，物资需求部门（项目管理部门）应提前7日向物资合同承办部门提出现场服务需求，明确现场服务供应商名单、进场服务时间、人数、工作内容及其他要求。

在工程调试期间，物资需求部门（项目管理部门）应提前15日向物资合同承办部门提出易损件及备用物资清单。物资合同承办部门组织供应商梳理易损件及备用物资清单，明确易损件及备用物资存放地点。

（五）物资投运与质保

合同物资投运后，物资需求部门（项目管理部门）组织相关技术人员、设计人员开展物资投运验收，并根据投运情况签署货物投运单（见表4-2-3），由物资需求部门（项目管理部门）签字，并加盖部门章。

表4-2-3　　　　　　　　　货物投运单

投运单号：

序号	合同编号	采购订单号	订单行项目号	项目名称	供应商	物料编码	物料描述	合同数量	单位	投运数量	投运日期/安装、调试情况（是否具备投运条件）	备注
1	合同管理信息系统生成	ERP生成采购订单号	10	合同名称	供应商全称	500000004	电抗器	1	个	1	2020.05.05，已具备投运条件	

物资需求部门/项目管理部门（签字/盖章）　周某

日期：2020年5月5日

注　如物资条目数量较多，项目管理部门须逐页加盖公章。

物资质保期满后，物资合同承办部门协调设备（资产）管理或运维部门根据运行情况、供应商服务情况签署货物质保单（见表4-2-4），由物资使用或运维部门签字，并加盖部门章。

---

❶　仓储管理信息系统是指企业资源管理系统（ERP）和智能仓储管理系统（WMS）。

表 4-2-4   货物质保单

质保单号：

序号	合同编号	采购订单号	订单行项目号	项目名称	供应商	物料编码	物料描述	合同数量	单位	质保到期数量	质保期	质保期满日期
1	合同管理信息系统生成	ERP生成采购订单号	10	合同名称	供应商全称	500000004	电抗器	1	个	1	12个月	2020.05.05

设备（资产）管理/运维部门（签字/盖章）韩某

日期：2020年5月5日

注   如物资条目数量较多，物资使用/管理部门须逐页加盖公章。

货物投运单、货物质保单签署后，需及时提交物资合同承办部门，分别作为投运款、质保金结算和供应商履约评价的依据。

物资现场服务、运行阶段涉及的供应商不良行为，由物资需求部门（项目管理部门）报送物资管理部门，纳入供应商不良行为处理。

因物资需求单位原因导致未在最后一批货物到达交货地之日起 10 个月内完成投运的，物资合同承办部门协调物资需求部门（项目管理部门）办理投运款申请单（见表 4-2-5），由供应商签字并加盖公章，物资需求部门（项目管理部门）签字，并加盖部门章。

表 4-2-5   投运款申请单

投运款申请单号：

序号	合同编号	采购订单号	订单行项目号	项目名称	供应商	物料编码	物料描述	合同数量	单位	到货数量	最后一批物资到货完成时间	是否满10个月
1	合同管理信息系统生成	ERP生成采购订单号	10	合同名称	供应商全称	500000004	电抗器	1	个	1	2020.05.05	是

供应商（签字/盖章）韩某   物资需求部门/项目管理部门（签字/盖章）周某

日期：2020年5月5日   日期：2020年5月5日

注   如物资条目数量较多，物资需求部门/项目管理部门应逐页加盖公章。

（六）注意事项

（1）注意物资供应计划是否合理，是否满足工程里程碑计划、现场实际需求、生产运输周期及合同约定交货期，须保障物资生产交付进度以及现场建设进度。注意变更交货期不得影响工程建设进度或其他物资供应，变更交货期书面申请提交应及时，原则上重点物资需在原交货期 60 日前提出，一般物资交货期变更不迟于原交货期 40 日前提出。注意临近物资交货期前，需及时与供应商联系沟通确定实际交货期。

（2）注意物资交接是否办理交接手续，交接手续是否规范，交接物资外观有无破损，外包装是否符合合同要求，清单物资数量是否与随货提供的货物清单、装箱单上数量一致，物资规格、品种和型号是否符合合同要求。物资交接资料是否准确、真实、完备。

（3）注意物资到货是否履行验收手续，验收手续是否规范，到货物资是否符合设计图纸、物资合同和有关的质量标准。到货验收现场签证资料是否准确、真实、完备。注意如合同有需物资需求单位参加出厂试验或关键点验证的要求，可要求供应商提供出厂试验或关键点验证视频作为验收合格的佐证材料。

（4）注意设备、材料相关出厂、进场试验检测材料等档案是否完整，归档是否及时。

三、物资合同变更与解除

物资合同变更是指履约过程中发生的合同信息变化，主要包含供货范围变更（含货物数量和规格参数变化等）、供应商信息变更和合同履行过程中涉及的其他商务信息变更等。

物资合同变更应严格履行"两单一协议"流程，即办理技术变更单和商务变更单后，再组织签订补充协议。

（一）技术变更

技术变更是指物资合同履约过程中，合同货物数量、规格参数变更引起的合同技术内容变更。

发生合同技术变更事项时，物资需求部门（项目管理部门）应提前向物资合同承办部门递交物资合同变更（技术部分）确认单（见表4-2-6），不得发生变更货物已到现场，再补办单据的情况。

表4-2-6　　　　　　　　物资合同变更（技术部分）确认单

编号：×××××××××

项目名称	国网新源控股××公司中控楼中央空调改造项目							
合同名称	国网新源控股××公司中控楼中央空调改造设备购置及安装合同							
合同编号	（合同管理信息系统生成）							
变更事项	根据项目管理需要，由于现场场地有限，只能安装4台压缩机，为满足原设计要求，在减少压缩机数量的前提下，需调高规格型号（技术变更原因），需对A公司（原合同供应商）所供空调压缩机型号数量（设备/材料）进行变更，具体变更如下：							
	序号	货物名称	货物描述（规格型号）	单位	原合同数量	变更数量	变更后数量	原合同分项报价含税单（元）	性能描述
	1	压缩机	KVR-125W/B720A	台	5	1	6	40000	
物资需求部门/项目管理部门	经办人：（签字）周某　2020年7月5日				审核人：（签字）张某　2020年7月5日				
分管领导意见	赵某　2020年7月5日								

注　1. 变更提报货物名称、货物描述、合同数量需与合同、ERP物料保持一致。

　　2. 对于技术规格参数调整、组部件厂家变化等事项，应注明调整变化后设备性能等同、更优或性能下降的描述。

　　3. 对于原合同物料/组部件无价格依据的，需在"原合同分项报价含税单价（元）"栏中填写"无"，并同时填写需查询价格的物料信息，是否需要价格查询需要打上"√"。

技术变更单应严格依据原合同及现场物资需求情况填写，注明拟变更合同名称、合同编号、供应商名称、变更物资名称、规格型号、单位、原合同含税单价和数量等相关信息。技术规格参数调整、组部件厂家变化的，技术变更单需特别注明调整后设备性能变化情况。

变更物资原合同没有单价依据的，技术变更单中应注明待确定价格的物料相关信息。技术变更单审批时应严格审核原合同主要信息、变更原因、支持变更原因的有效性文件等。

对于重大变更事项，物资需求部门（项目管理部门）需就变更事项（技术部分）签报分管领导同意，再出具技术变更单。重大变更事项主要包括技术路线变化引起的重大变更，合同物资非主体、非关键性工作分包事项，其他重大变更事项。

（二）商务变更

商务变更是指合同履约过程中合同商务、价格内容的变更。商务变更根据实际情况分为涉及金额变化变更（单次变更、多次变更）及不涉及金额变化变更。

1. 涉及金额变化的商务变更

物资合同承办部门根据技术变更单编制商务变更单（见表4-2-7、表4-2-8），由物资合同承办人、物资需求部门（项目管理部门）、物资管理部门审核，分管物资领导审批。

表4-2-7　　　　物资采购合同变更（商务部分）确认单（单次变更）

项目名称	国网新源控股××公司中控楼中央空调改造项目								
合同名称	国网新源控股××公司中控楼中央空调改造设备购置及安装合同								
合同编号	（合同管理信息系统生成）					供应商名称		××公司	
变更事项	供货单价/数量变更，详见变更单								
	原合同金额为：1800000 元			本次变更后合同金额为：1600000 元			具体变更见下表：		
	序号	物资名称	规格型号	单位	原合同单价（不含税）	本次变更单价（不含税）	原合同数量	本次变更数量	差额（不含税）	差额（含税）
	1	压缩机	KVR-125W/B720A	台	283185.84	383982.3	5	4	0	0
	变更金额合计（含税）：壹佰陆拾万元整（￥1600000.00）								
	（价格依据：比如，本次变更单价依据原合同进行）本次变更单价依据国网新源控股有限公司2020年第一批招标国网新源控股××公司中央空调压缩机购置项目同规格型号中标单价，拟据此与卖方签订补充协议，妥否，请批示								
合同承办人	承办人：杨某 2020年7月5日				物资管理部门负责人			审核人：王某 2020年7月5日	
物资需求/项目管理部门负责人	承办人：周某 2020年7月5日				物资分管领导			审核人：赵某 2020年7月5日	

表 4 - 2 - 8　　　　　物资采购合同变更（商务部分）确认单（多次变更）

项目名称	国网新源控股××公司中控楼中央空调改造项目								
原合同名称	国网新源控股××公司中控楼中央空调改造设备购置及安装合同								
原合同编号	（合同管理信息系统生成）					供应商名称		A公司	
变更事项	供货数量变更，详见《合同变更（技术部分）确认单》								
	原合同金额为：100000元			上次变更后合同总金额为：101130元		本次变更后合同总金额为：102260元		具体变更见下表：	
	物资名称	规格型号	单位	原合同单价（不含税）	本次变更单价（不含税）	原合同数量	本次变更前合同数量	本次变更数量	差额（不含税）	差额（含税）
	压缩机	KVR‐125W/B720A	台	1000	1000	5	6	7	1000	1130
	变更金额合计（含税）：壹拾万零贰仟贰佰陆拾元整（￥102260元）								
	本次变更单价依据原合同/第一次变更后的补充协议进行，拟据此与卖方签订补充协议，妥否，请批示								
合同承办人	承办人：杨某　2020年7月5日				物资管理部门负责人		审核人：王某　2020年7月5日		
物资需求/项目管理部门负责人	审核人：周某　2020年7月5日				物资分管领导		审核人：赵某　2020年7月5日		

（1）涉及金额变化的商务变更单审批按以下规定执行，若合同多次变更，变更金额应累计计算多次变更的金额，按以下原则执行：

1）材料类物资：供货范围发生变化，增加金额累计不超过 15%（合同另有约定的按约定执行），由物资需求部门（项目管理部门）、物资管理部门审核，物资分管领导审批。

2）设备类物资：供货范围发生变化，增加金额累计不超过 15%（合同另有约定的按约定执行），且低于 50 万元的，由物资需求部门（项目管理部门）、物资管理部门审核，物资分管领导审批；超过 50 万元的（含本数），物资需求单位履行内部审核程序后，向上级物资主管部门请示变更事宜（技术变更、商务变更确认单作为上报文件附件），经上级物资主管部门会同项目主管部门审核、物资分管领导批准后，作为物资需求单位与供应商签订补充协议的依据。

3）供货数量减少的，在与供应商协商一致并签署具有法律效力的纪要、记录或函件的情况下，可不办理"两单一协议"。

4）物资合同物资规格型号发生实质性变更，变更金额超过合同约定的变化量（若合同未约定，按照合同价格 15% 执行）或授权采购变更后合同总价超过授权采购限额，变更或新增物资需求重新纳入采购计划管理。

5）物资需求部门（项目管理部门）在技术变更中明确"变更后技术性能等同或优

于变更前"且供应商书面确认不涉及价格变化的，或供应商承诺免费提供新增货物的，可不再办理商务变更单、不再签订补充协议。

6）对于采用单价结算的物资合同，实际采购量（按采购金额计算）增加，未超过原合同15％（合同另有约定的按约定执行）的，可不办理"两单一协议"。

7）物资合同设有备用金的，备用金比例不得超原招标（采购）项目预算（有最高限价的，以最高限价计算）的10％。因供货范围发生变化，与原合同的设备材料具有关联性但没有单价依据的增购物资，确因工程紧急需要等，在满足合同备用金使用条件的前提下，可由备用金列支，不办理"两单一协议"，但须办理合同备用金使用审批手续。

（2）商务变更时涉及物资金额变化的货物单价确认方式如下：

1）物资合同发生原材料、组部件和二级供应商等变更，原合同中有单价依据的，商务变更金额按原合同分项价格及变更数量计算。

2）物资合同发生原材料、组部件和二级供应商等变更，原合同中没有单价依据的，确因工程紧急等情况需进行变更的，按照以下方式确定分项价格：

a. 由于工程投资主体或标段划分不同，将同一标包拆分为多个合同签订的，原合同中没有单价依据的，可依据原标包相同规格型号的物料价格确定。

b. 物资需求单位物资管理部门接收经审批后的技术变更单后，开展价格查询、确认工作。物资需求单位物资管理部门通过询价方式（不少于三家供应商）确定价格，提交本单位采购工作领导小组审定后作为变更价格依据。

2. 不涉及金额变化的商务变更

物资合同承办部门根据技术变更单或其他相关支撑文件编制商务变更单（见表4-2-9），由合同承办部门、物资需求部门（项目管理部门）、法律部门、物资管理部门审核，分管物资领导审批。

表4-2-9　　　　合同变更（商务部分）确认单（不涉及金额变化）

编号：××××××××××

理由：因××问题，××工程××物资采购合同（包××）（合同编号：××）中××设备/事项/条款进行××变更，具体变更情况详见附件：				
1. 合同变更（技术部分）确认单；				
2.××				
建议：根据《合同变更（技术部分）确认单》/××中项目管理部门意见，"××"，同时经与供应商协商确认上述变更不涉及商务价格及条款调整，建议上述变更不再另行签订补充协议，以此单为执行依据。				
妥否，请示				

合同承办人	经办：吴某 2020年7月5日	合同承办部门	审核：杨某 2020年7月5日	物资需求项目管理部门（盖章）审核：周某 2020年7月5日
法律部门	审核：吕某 2020年7月5日	物资管理部门（盖章）	审核：王某 2020年7月5日	物资分管领导（盖章）审批：赵某 2020年7月5日

注　涉及合同条款变更需签订补充协议。

供应商变更企业名称、注册资本、注册地址、新增经营范围、企业类型、开户银行和账号等信息，影响到合同款项收支的，在审核供应商提交的变更申请、证明材料后进行款项支付，不另行签订补充协议。但如发生企业合并、分立或股权转让等主体变更事项的，需经相关部门审核供应商申请材料后，由物资合同承办部门组织签订补充协议。

合同履行过程中，涉及供应商企业名称、注册资本、注册地址、新增经营范围和企业类型等营业执照信息变更并影响款项收支的，物资合同承办部门应督促供应商及时更新电子签章信息，并通过 ECP 提交变更申请及资料。变更资料包括①更名通知原件；②市场监督管理机构准予变更登记通知书的复印件，并加盖变更前、变更后公司公章；若变更前的公章已销毁，提供证明文件；③变更后"三证合一"企业法人营业执照副本复印件，并加盖公司公章；④变更后与公司有关的新印章印模的复印件（如合同专用章、财务专用章、发票专用章等），并加盖公司公章。

合同履行过程中，供应商开户银行及账号等相关信息发生变更后，由供应商通过 ECP 更新 MDM 主数据，并向物资需求单位提供如下支撑性材料：①开户银行、账号变更函（包括变更原因说明），并加盖公司公章；②开户银行出具的开户证明；③法定代表人授权书。

合同履行过程中，供应商发生企业合并、分立、股权转让等变更（MDM 中供应商编码发生变更）的，供应商应及时向物资需求单位提交变更资料，经物资、法律、财务（如涉及）等部门审核通过后，签订主体变更协议。变更资料包括①变更前后工商登记、核准文件；②变更涉及的股东决议、协议、公司实际控制人支持函等文件；③企业资产情况和运营情况（税务文件、资产负债表、财产清单等）；④合同履约能力证明文件（工装设备、资质证书、场地、人员文件等）；⑤法定代表人授权书；⑥其他相关证明文件。

（三）补充协议签订

物资合同技术和商务变更审批完成后，物资需求单位物资合同承办部门按照原合同签订流程在 30 日内组织供应商签订补充协议。

物资合同发生变更，数量增加的，物资需求部门（项目管理部门）在确保项目预算充足的情况下，创建新增部分的采购申请，物资合同承办部门调整和创建采购订单；数量减少的，物资合同承办部门按照补充协议数量，在 ERP 系统相应订单中进行收发货及结算操作。

（四）合同解除

1. 双方协商解除合同

当合同双方不具备合同约定履行条件时，双方可协商解除合同。协商解除合同时，物资需求单位应与供应商确认合同解除原因、解除合同金额、违约金金额（如需要），签署物资合同协商解除确认单（见表 4-2-10）。物资需求单位物资合同承办人、物资管理部门、物资需求部门（项目管理部门）、法律管理部门分别审核物资合同协商解除确认单，法定代表人或其授权代理人审批签署，加盖单位公章或合同专用章，可不再与供应商签订解除协议。

表 4-2-10   **物资合同协商解除确认单**

编号：×××××××××

工程名称	国网新源控股宜兴公司办公计算机报废更新		
合同名称	国网新源控股宜兴公司 2020 年（联想）办公用计算机购置采购合同		
合同编号	（合同管理信息系统生成）	合同含税总价（元）	
合同解除情况说明	详细列明合同解除发起方、解除原因、达成的一致意见等内容。 1. 因新冠肺炎疫情影响致使 2020 年零购项目下达较晚，造成超过国网商城下单时限（×××情况或原因），经双方友好协商，达成一致，取消该合同。 2. 供应商是否存在违约责任：□是　□否 3. 违约事实：详细列明合同违约事实，如质量违约情况、技术性能不满足合同要求具体情况，延期交货时间等。 4. 部分解除后的合同金额：×××元（如有可填写） 5. 供应商违约责任认定金额：×××元		
供应商	认可上述合同解除的情况说明，同意上述采购合同/采购供货单与 ＊ 年 ＊ 月 ＊ 日解除。涉及上述合同中的权利及义务，自本说明出具之日起均予消灭。 法定代表人或授权代表 （签字/盖章）韩某　　　　　　　　　　　　　2020年5月1日		
项目单位	物资合同承办部门： （签字）杨某　　　2020年5月1日		物资管理部门： （签字）于某　　　2020年7月5日
	物资需求/项目管理部门 （签字）周某　　　2020年5月1日		法律部门： （签字）罗某　　　2020年5月1日
	法定代表人（负责人）或授权代表： （签字/盖章）韩某　　　　　　　　　　　2020年5月1日		

注　1. 可根据实际情况增加其他部门（单位）确认。

　　2. 存在违约则填写情况说明第 3、4、5 项。

2. 因供应商违约解除合同

当供应商违约事实清晰，无法继续履行合同的，依据合同约定需要解除，但供应商不配合或无法联系的，按照规定程序办理单方合同解除。

物资需求部门（项目管理部门）、物资管理部门按照分工准备违约佐证材料，物资合同承办部门根据违约佐证材料向供应商发出违约告知函，说明违约情况、对方义务以及哪些情况我公司将考虑解除合同；涉及因无法按时交货需进行合同解除的，需附合同未交货清单（见表 4-2-11）。供应商在接函之日起 30 日内无正当理由不回复、无法联系、明确表示无法供货或买方有理由认为供应商无法供货的，可进行单方解除。

表 4 - 2 - 11 ×××公司（供应商名称）未交货清单 元

序号	合同编号	合同日期	工厂名称	项目单位	批次	物料描述	单位	合同数量	中标单位	中标总价	交货日期	实际到货数量	实际到货金额	未到货数量	未到货金额
1	合同管理信息系统生成	2020.01.01	××公司	某抽水蓄能有限公司		电抗器	台	1	10000	10000	2020.07.01	0	0	1	10000
	合计														

物资合同承办部门组织物资需求部门（项目管理部门）、法律管理部门和财务管理部门（如涉及）等专业部门签署物资合同单方解除确认单（见表 4 - 2 - 12），向供应商送达解除合同通知书，说明解除原因、未履行部分合同金额、解除合同所依据的合同条款、违约金额等情况。

表 4 - 2 - 12 物资合同单方解除确认单

编号：××××××××××

项目名称	国网新源控股宜兴公司办公计算机报废更新
合同名称	国网新源控股宜兴公司 2020 年（联想）办公用计算机购置采购合同
合同编号	（合同管理信息系统生成）
合同解除情况说明	因新冠肺炎疫情影响致使 2020 年零购项目下达较晚，造成超过国网商城下单时限（×××情况或原因），经双方友好协商，达成一致，取消该合同，详细列明解除原因，解除合同金额、违约金金额，随附佐证材料
合同承办人	吴某 （签字） 2020 年 5 月 6 日
合同承办部门	杨某 （签字/盖章） 2020 年 5 月 6 日
物资需求/项目管理部门	周某 （签字/盖章） 2020 年 5 月 6 日
法律部门	罗某 （签字/盖章） 2020 年 5 月 6 日
财务部门	刘某 （签字/盖章） 2020 年 5 月 6 日

注 可根据实际情况增加其他签署部门。

物资合同解除后，若需重新确定供应商，依法必须重新组织招标（采购）。

（五）合同违约索赔

违约责任承担方式包括赔偿损失、缴纳违约金、延长质保期、采取合同约定的补救措施或核减份额等，具体以合同约定为准。

1. 合同违约索赔各方职责

物资需求单位内部根据专业分工，负责所管理专业涉及违约索赔申请的发起。

（1）物资合同承办部门负责发起因供应商逾期交货、到货抽检物资质量问题、供应商未按约定确认签署供货单或供应商原因导致合同解除等问题引发的违约索赔，并提供相关佐证材料，物资需求部门（项目管理部门）配合。

（2）物资需求部门（项目管理部门）负责发起因供应商未按约定提供现场服务或技术服务造成工期延误或因产品质量问题导致合同货物不能按期投运等问题引发的违约索赔，并提供相关佐证材料。

（3）设备（资产）管理或运维部门负责发起因供应商未按约定处理质保期内发生的物资质量问题引发的违约索赔。

2. 物资合同违约事实确认

供应商发生违约行为后，物资管理部门组织相关专业部门、法律管理部门约谈供应商，对违约事实进行确认后，由发起部门组织签署物资合同违约事实确认单（见表4-2-13）；若供应商无正当理由未参加或不配合约谈，留存通知约谈供应商相关佐证资料后，物资管理部门、物资需求部门（项目管理部门）签署物资合同违约事实确认单。

表4-2-13 物资合同违约事实确认单

编号：××××××××××

工程名称	国网新源控股××公司中控楼中央空调改造项目
合同名称	国网新源控股××公司中控楼中央空调改造设备购置及安装合同
合同编号	（合同管理信息系统生成）
违约事实	详细列明合同违约事实，如质量违约情况，技术性能不满足合同要求具体情况，延期交货时间等。同时应将涉及合同金额、合同数量等信息描述清楚（随附物资违约清单、供应商违约情况说明等佐证资料）； 如：根据合同规定，供货期在合同签署之日起3个月内，卖方违反合同约定迟延交货的，买方有权按迟交货物金额的1‰/天向卖方主张迟延交货违约金。合同于2020.03.01签署，但××公司于2020.06.15完成交换。造成××物资逾期交货14天，该物资金额为50万元，按照规定支付到货款时扣除7000元违约金。
约谈情况	约谈情况是否达成一致或供应商不配合违约事实认定情况说明（应描述供应商、通知日期、通知方式、情况描述并附佐证资料）
供应商	（供应商名称） 注：当供应商不配合违约事实认定的，不需供应商签字/盖章，此行可删除 鲜某 ★ （签字/盖章）2020年7月15日
提出部门	李某 ★ （签字/盖章）2020年7月15日
分管领导	赵某 （签字）2020年7月15日

注 1. 违约事实确认单需经违约事实提出发起部门负责人签字并报对应的部门分管领导审批；涉及多个部门提出的，需共同确认、审批。

2. 各单位可根据实际情况增加其他部门/人员确认。

物资合同承办部门编制物资合同违约处理确认单（见表 4‑2‑14），物资管理部门组织物资需求部门（项目管理部门）、法律管理部门、财务管理部门（如需要）等相关专业部门确认。

表 4‑2‑14　　　　　　　　　物资合同违约处理确认单

编号：×××××××××

项目名称	国网新源控股××公司中控楼中央空调改造项目
合同名称	国网新源控股××公司中控楼中央空调改造设备购置及安装合同
合同编号	（合同管理信息系统生成）
违约处理情况	根据合同违约事实，列明合同违约处理结果，包括适用条款、索赔金额或措施等
约谈情况	约谈情况是否达成一致或供应商不配合违约事实认定情况说明（应描述供应商，通知日期、通知方式、情况描述并附佐证资料）
供应商	注：当供应商不配合违约事实认定的，不需供应商签字/盖章，此行可删除（签字/盖章）2020年7月15日
物资合同承办部门	（签字/盖章）2020年7月15日
物资需求部门/项目管理部门或设备（资产）管理/运维部门	（签字/盖章）2020年7月15日
法律部门	（签字/盖章）2020年7月15日
物资管理部门	（签字/盖章）2020年7月15日
分管领导	（签字/盖章）2020年7月15日

注 1. 涉及技术的违约事实，由物资需求部门/项目管理部门确认；涉及商务的违约事实，由物资管理部门确认；技术、商务均涉及的，由项目管理部门、物资管理部门共同确认。

2. 可根据实际情况增加其他部门（单位）确认。

因供应商违约需暂停付款的，合同承办人员根据认定的违约事实，暂停办理资金支付手续，并报物资管理部门备案。

3. 物资合同违约索赔

物资合同承办部门根据物资合同违约处理确认单执行索赔。违约金索赔方式包括供应商支付违约金、合同买方兑付履约保证金或扣除其他合同应付款项。按照兑付履约保证金或扣除其他合同应付款项执行的，物资合同承办部门应在兑付或扣除后使用函件或邮件等书面方式通知卖方。

物资合同承办人员将有关违约金的相关材料提交物资管理部门、财务管理部门，财务管理部门收款后，向供应商开具收据。如供应商拒绝承认违约事实或者拒绝缴纳违约金，合同承办人员则按照供应商需承担的违约责任提出其违反合同规定的书面索赔通知，分别提交供应商、物资管理部门和财务管理部门。财务管理部门见通知扣除相应履约保证金并向供应商开具收据。履约保证金为保函形式的，则财务管理部门见通知向合同承办人员退回保函原件，合同承办人员凭保函和书面索赔通知原件向出具保函的银行提出付款通知。财务管理部门收款后，向供应商开具收据。供应商违约符合供应商不良行为处理要求的，需纳入不良行为处理。

4. 物资合同质量保证期延长

因产品质量原因需延长质量保证期的，按以下方式处理：

（1）物资生产制造、现场安装阶段发生质量问题，由物资需求部门（项目管理部门）书面提出延长质量保证期意见及会议纪要等相关材料。

（2）物资质保阶段发生质量问题，由设备（资产）管理或运维部门提出延长质量保证期意见及会议纪要等相关材料。

（3）物资合同承办部门按照质量保证期延长意见及会议纪要等相关资料，确认质量保证期延长期限、延长起算时间和质保金支付等事项。

（六）注意事项

（1）注意合同变更手续是否及时、完备、合规，不得变更货物已到现场后才补办合同变更手续；注意合同变更依据是否充分、合理，如变更后设备性能变化情况等；注意是否存在以合同变更形式规避招标（采购）的现象，如授权采购的物资变更后合同总价（原合同金额与每次变更后金额之和）不得超过授权采购限额；注意合同变更新增货物单价依据是否充分、合理，建议将新增货物单价依据附在商务变更单后；注意重大变更事项，是否就变更事项（技术部分）签报分管领导同意。

（2）注意合同解除是否符合法律法规规定的合同终止条件；合同解除是否按规定的程序进行；是否存在未处理完的合同纠纷；单方面解除合同的，是否已经达成并履行了违约、索赔等事项；注意合同解除过程有无支持性资料；合同解除的原因是否合理，是否会造成物资需求单位经济损失；合同解除时，物资需求单位是否存在超付现象，存在资金风险；注意因供应商原因造成合同解除的，需向上级物资主管部门报告。

四、物资合同结算

物资合同承办部门负责物资合同结算单据的收集、验审、资金预算和支付申请编制工作。财务管理部门根据资金支付申请开展款项支付工作。

合同价款结算按照合同约定的支付条件和比例支付为准，一般包括预付款、到货款、投运款和质保金。相关款项应在收到履约保证金、物资到货、工程投运、质保期满且无质量问题之日起 60 日内支付（合同另有约定的按合同约定）。不得要求供应商接受不合理的付款期限、方式、条件等，不得以履行内部付款流程为由违约拖欠货款。对于存在逾期支付风险的合同款项，物资需求单位应建立支付绿色通道，确保完成支付。

（一）资金预算

物资合同承办部门根据合同履行情况，汇总当月合同款结算相关凭据，提出支付申请，每月中下旬根据审批通过的支付申请提报次月月度资金预算申请，经相关部门审批后，纳入次月资金预算。

供应商已完成供货但结算单据未准备齐全，经物资合同承办部门核实，供应商提供结算单据限定期限完成的承诺书后，可提前申请合同资金支付，将其编入资金预算申请。

其他涉及资金预算与支付的特殊事项，经相关部门专题讨论确定后，由物资合同承办部门纳入月度现金流量预算申报范围。

物资管理部门或项目管理部门根据财务管理部门审批通过的月度资金预算，在 ERP 办理付款订单。

（二）履约保证金

合同规定有履约保证金的，物资合同承办部门应要求供应商在物资合同签订后 30 日内提供；若合同另有约定，按照合同约定执行。

履约保证金一般以转账、电汇、保函（含电子保函）和保险的形式提交。物资合同承办部门应及时将履约保证金凭证原件移交财务管理部门进行保管。电子保函的保管、移交按照电子档案有关要求执行。

供应商以保函形式提交履约保证金的，如果履约保函的实际担保期限短于合同约定的履约保证金有效期，物资合同承办部门应要求供应商在担保期限到期前 15 日重新提供履约保函。

供应商以保险形式提交履约保证金的，如果保单承保期限短于合同约定的履约保证金有效期，物资合同承办部门应要求供应商在保险期间到期前 15 日办理保单延期或续保。

在符合合同约定的前提下，供应商可选择同等金额预付款冲抵履约保证金的，可将相应合同预付款作为履约保证金，即在支付合同预付款时扣除相应履约保证金金额。

物资合同下全部货物已投运，并满足合同约定的条件下，供应商可提出退还履约保证金申请，经复核无误后，向供应商退还履约保证金。因物资需求单位原因未在最后一批货物到达交货地之日起 10 个月内完成投运的（合同另有约定的按合同约定），供应商可在申请办理最后一批货物投运款支付的同时申请退还履约保证金。

供应商以保险形式提交履约保证金的，如保单承保的合同责任提前结束，供应商可提出退保申请，经物资合同承办部门核实无误后办理相关手续。

（三）预付款支付

合同约定有预付款的，在收到供应商提交的结算凭证（履约保证金凭证；有进度款需具备备料完成确认书、型式试验确认书、设计冻结确认书等）后，物资合同承办部门按照合同约定办理预付款支付手续，经财务管理部门审核无误后由其完成资金支付。

如供应商选择同等金额预付款冲抵履约保证金，此预付款可随投运款一并支付，双方不再互相出具承诺函及收据。合同约定无投运款的，则随合同最后一批物资到货款支付。

（四）到货款支付

物资合同承办部门凭到货验收单和供应商提交的全额增值税专用发票（合同另有约定的除外），按照合同约定办理到货款支付手续，经财务管理部门审核无误后由其完成资金支付。

实际结算物资数量或金额与合同有差异的，应在到货款支付前完成合同变更。

发票校验未通过的，物资合同承办部门通知供应商重新开具发票，发票校验通过后办理支付手续。

（五）投运款支付

合同约定有投运款的，在全部货物完成现场安装、调试、性能试验和验收合格并投入运行后，物资合同承办部门凭货物投运单或投运款项申请单，按照合同约定办理投运款支付手续，经财务管理部门审批无误后由其完成资金支付。

（六）质保金支付

合同约定有质保金的，在货物质保期满，并无索赔或索赔完成后，物资合同承办部门凭货物质保单办理质保金支付手续，经财务管理部门审批无误后由其完成资金支付。

合同质保期开始后，供应商可凭质保金保函及质量确认函办理质保金等额替代，原定质保期及质保责任不变。物资需求部门（项目管理部门）确认设备质量情况并签署质量确认函；物资合同承办部门凭质保金保函及质量确认函办理质保金支付审批手续，经财务管理部门审批无误后由其完成资金支付。

办理质保金等额替代后，如合同货物在剩余的质保期内发生质量问题，供应商未按照合同约定及时开展修理、更换、赔付等工作时，物资合同承办部门启动银行保函兑付手续。合同约定质保期满后，物资合同承办部门向物资需求部门（项目管理部门）确认设备质量情况，如设备无质量问题，向供应商退回银行保函。

（七）注意事项

（1）注意实际到货数量、品种、规格等与采购合同、发票、运单是否相符；验收记录和相关手续是否齐全；运输物资途中损耗是否合理。注意付款方式等是否符合合同约定，审批手续是否齐全。

（2）注意如有违约，是否追索赔偿等。注意物资采购价格与中标价格和采购合同价格是否一致，是否存在违规加价行为。注意采保费、运杂费是否合规、真实。注意货款的支付是否按照合同的有关条款执行。

五、物资合同归档

物资合同承办部门依据企业内部档案管理要求，按照"谁主管、谁负责、谁生成、谁归档"的原则，做好物资合同承办工作各环节文件材料的整理、归档、保管、利用和相关移交工作。

物资合同档案包括物资合同起草、订立、履行、变更、结算和终止全过程中形成的重要文件材料，具体包括中标通知书、成交通知书或其他确定招标（采购）结果的文件等；合同协议书、补充协议（如有）及其审核会签单；合同通用条款和专用条款；企业营业执照、签订对方授权委托书以及被授权人身份证明文件（如有）；合同变更单及其支撑材料（如有）；合同承办管理过程中形成的其他应归档文件材料。

物资合同归档文件材料应是原件，不能以原件保存的，需保存与原件核对无误的复印件，加盖单位印章，并对原件去向予以说明。归档的纸质文件材料应当字迹清晰，图标整洁，并签字盖章，手续完备。书写字迹应当符合耐久性要求，不能用易褪色的书写材料书写、绘制。

第三节　物资合同管理案例分析

为确保物资合同管理高效稳妥，强化合同签订、物资生产与供应、物资到货验收、结算等关键点风险防控和过程控制，清晰了解物资合同管理中的风险点、边界线。本节包含了物资合同管理过程中常见问题的案例分析。

【案例 4 - 3 - 1】　物资合同变更流程不规范

（一）背景描述

2020 年 1 月，某公司运行大楼中央空调改造设备购置及安装合同签署金额为 150 万元，项目实施过程中部分辅材工程量增加，新增工程量金额为 10 万元。项目投运后，合同承办人李某按照实际工程量办理了项目结算及投运手续，并按照实际工程量完成了投运款支付（含新增工程量）之后，合同承办人李某对已办理投运的物资合同签订了补充协议。

（二）存在问题

（1）变更货物已到现场，并且已完成安装投运，办理了投运手续，完成了支付后，才进行变更手续办理。

（2）物资合同变更只签订了补充协议，未办理技术变更单，商务变更单，未履行"两单一协议"的规定。

（三）原因分析

（1）相关工作人员工作责任心不强，未切实履行相应职责，严把审核关卡；

（2）相关工作人员对《国网新源控股有限公司物资合同承办管理手册》《国家电网合同审核管理细则》等相关制度学习掌握不够，对物资合同管理流程不清楚，风险防控把握不够。

（四）解决措施

（1）物资合同承办人重新办理合同变更手续，履行"两单一协议"。

（2）物资合同投运款办理支付后，才对变更货物进行变更的时间顺序无法整改，对相关承办人员以及会签人员进行相应考核。

（五）结果分析

（1）物资管理部门应做好制度宣贯工作，加强相关人员制度和技能学习，执行规范的工作流程，提高业务水平，确保物资变更、结算、支付相关业务手续及业务流程的规范性与正确性。

（2）相关审核人员应熟知结算、支付的审核要点，切实履行相应职责，严把审核关卡，杜绝错误的发生。

【案例 4 - 3 - 2】 供应商交货不及时

（一）背景描述

2020 年 7 月，某公司 2018 年机组检修备品备件购置采购合同供应商为 A 公司，合同签订并确认物资供货计划后，由于 A 公司材料采购不及时以及自身排产原因，造成延期交货 2 个月，该公司合同承办人张某在合同结算时未按照合同约定办理违约，并完成合同到货款支付。在履约评价时对 A 公司延期到货情况未进行扣分。

（二）存在问题

（1）合同承办人员未及时与供应商沟通，了解供应商材料采购情况和排产进度情况。

（2）合同承办人员未按照合同约定办理因供应商造成延期交货的违约索赔。

（3）履约评价时未按供应商真实情况进行评价，未能真实体现供应商供货及时性。

（三）原因分析

（1）合同承办人未及时与供应商沟通，跟踪供应商生产进度，加大对供应商产能监控预警力度。

（2）合同承办人不熟悉合同条款，未按合同约定进行违约处理。

（3）合同支付会签人员审核不严谨，未仔细查看合同支付的支撑材料。

（4）对于履约评价的重要性认识不够，未按规定进行真实评价。

（四）解决措施

（1）按照合同约定，由物资管理部门组织财务、法律管理部门和供应商确认违约事实并签署物资合同违约事实确认单。

（2）物资管理部门依据物资合同违约事实确认单对供应商进行违约处理，违约处理结果纳入供应商关系管理。

（3）要求供应商进行违约金支付，财务管理部门收款后，向供应商开具收据。

（4）如供应商拒绝承认违约事实或者拒绝缴纳违约金，可从履约保证金扣除相应金额，财务管理部门向供应商开具收据。

（5）如该合同无履约保证金，合同承办人员从质量保证金中扣除相应金额，财务管理部门向供应商开具收据。

（6）物资管理部门向上级物资主管部门申请对该合同供应商重新进行履约评价。

（五）结果评析

（1）合同签订后要及时与供应商沟通，了解供应商材料采购情况和排产进度情况，要求供应商对排产进度情况以书面形式传送给合同承办人。

（2）要建立并定期更新物资合同履约跟踪信息表，对于生产进度滞后的供应商，根据问题严重程度及工程进度紧迫程度，可采取电话沟通、函件催交、约谈、驻厂催交、生产巡查、召开专题协调会、供应商不良行为上报等形式督促供应商加强生产管控。

（3）重视保存合同履约过程与供应商交互资料，确保过程有据可查。

（4）对于不能按时供货的供应商，通过违约处理和供应商不良行为上报等措施进行处理。日常工作中建立信誉较差供应商台账，加强对此类供应商管控。

（5）物资合同履行过程中，建立"一合同一评价"机制。物资管理部门和项目管理部门及时对到货及时性、性能指标保证、产品验收质量、产品质量状况（安装调试阶段）、安装调试现场服务质量、运行服务、运行质量等情况进行评价。

【案例 4 - 3 - 3】　供应商原因解除合同

（一）背景描述

2020 年 2 月 10 日，某公司 2020 年营地中央空调改造设备购置及安装合同供应商为 A 公司，合同约定供货期为合同签署之日起 3 个月内。至 2020 年 8 月 11 日 A 公司仍未供货，遂该公司以合同乙方迟延交付合同设备超过 3 个月为由，发函告知 A 公司解除合同，并将合同物资重新纳入采购计划管理。

（二）存在问题

（1）合同承办人员未按照管理手册要求与供应商确认合同解除原因并签署物资合同解除确认单。

（2）该合同是因供应商原因解除合同，合同承办人员未根据合同条款约定，明确供应商的违约责任。

（3）合同管理部门未将该供应商履约情况报告上级物资主管部门，纳入供应商不良行为处理。

（三）原因分析

（1）合同承办人、物资管理部门不清楚物资合同解除流程，对于合同解除不规范的法律风险认识不够。

（2）合同承办人不熟悉合同条款，未按合同约定进行违约处理。

（四）解决措施

（1）按照企业内部物资合同管理要求，物资管理部门组织项目管理、财务、法律等相关部门与供应商确认合同解除原因并签署物资合同解除确认单。

（2）按照合同条款规定，在物资合同解除确认单的合同解除情况说明中明确供应商违约责任以及违约金额。

（3）物资管理部门依据物资合同解除确认单对供应商进行违约处理，违约处理结果纳入供应商绩效评价和不良行为处理。

（4）要求供应商进行违约金支付，财务管理部门收款后，向供应商开具收据。

（5）如供应商拒绝承认违约事实或者拒绝缴纳违约金，可从履约保证金扣除相应金额，财务管理部门向供应商开具收据。

（6）如该合同无履约保证金，合同承办人员提交法律管理部门，由法律管理部门向物资需求单位所在地有管辖权的人民法院提起诉讼。

（五）结果评析

（1）物资管理部门应做好制度宣贯工作，加强相关人员制度和技能学习，执行规范的工作流程，提高业务水平，确保物资合同变更、解除等相关业务手续及业务流程的规范性与正确性。

（2）相关人员应熟知合同条款，了解法律风险，切实履行相应职责，杜绝错误的发生。

【巩固与提升】

1. 对于国网新源控股集中采购的物资，项目单位物资合同签订前，合同承办人发现招投标商务技术文件供货范围不一致在签约时应如何处理。

2. 到货验收过程中，如发现到货物资与合同约定不相符，存在损坏、缺陷、短少，或不符合合同条款的质量要求时，应如何处理。

3. 简述物资合同到货款支付流程。

第五章 物资质量监督管理

物资质量监督旨在贯彻落实高质量发展要求，筑牢物资质量管控防线，夯实安全基础，是抽水蓄能电站工程建设安全和电网运行安全的重要保障。本章包含产品全寿命周期质量管理、物资质量监督管理概述、设备监造管理、物资抽检管理、出厂验收管理以及物资质量监督管理案例分析六部分内容。

学习目标	
知识目标	1. 了解物资质量监督管理的基本知识 2. 掌握监造、抽样检测、出厂验收等工作相关概念及流程方法
技能目标	1. 应用不同类型物资质量监督方式，开展物资质量监督管理 2. 熟悉监督环节要点，规范质量监督工作
素质目标	提升物资质量监督人员履职能力，加强责任心，严把质量关

第一节 产品全寿命周期质量管理

产品质量的产生、形成和实现都有一系列的过程。因此，要保证产品质量，必须把产品质量形成的全过程、各个环节及有关因素都有效地控制起来，并形成一个综合的质量管理体系。本节主要介绍了产品在采购、设计、制造、运输、到货验收等阶段的质量管理。

产品全寿命周期质量管理指对抽水蓄能物资供应链实行全过程质量管理，建立设备/材料规划设计、生产制造、发货运输等全寿命周期质量信息库，应用于招标（采购）和供应商管理，实施全方位全过程的质量闭环管理。

一、采购阶段的质量管理

采购阶段是产品最终定型以及供应商确定的阶段。供应商的生产水平将直接影响到产品成品的质量。以招标（采购）方式为例，在物资采购时项目单位应认真做好招标（采购）工作，选择可以保证产品质量的优秀供应商。该阶段质量管理工作主要包括：

（1）编制的招标（采购）文件应符合国家、行业、企业相关标准以及企业物资招投标管理要求，招标（采购）文件技术规范、合同文本明确产品质量要求。

（2）加强对投标单位及投标文件的综合比选，查验投标单位的资质证书、生产许可证、生产试验设备检验报告或鉴定证书，择优确定中标单位。

（3）合同内容通常应包括产品的规格、型号、数量、技术参数、价格、引用标准、验收条件、交货状态、包装要求、交货时间和地点、运输要求、付款方式、经济担保、索赔和仲裁条款等；同时要求中标人提供必要的技术资料及文件。

二、设计阶段的质量管理

产品设计阶段是产品定型的阶段，其定型是否合理，将从根本上关系到产品能否满足工程的需要。在产品的设计阶段，项目单位应依据采购合同、有关的技术标准以及企业制定的标准规范，严格审查供应商或设计单位提出的设计文件是否符合设计要求和工程需要。该阶段质量管理工作主要包括：

（1）设计依据是否符合合同要求，设计和图纸是否符合设计要求，设计内容是否齐全，有无遗漏和差错。

（2）产品的规格、性能和生产能力是否符合合同规定，能否满足今后抽水蓄能电站生产运行的要求。

（3）产品所用的材料是否符合合同的规定，设计的技术指标是否合理，能否保证产品质量。

（4）生产计划和进度安排是否合理，能否满足施工进度的要求。

（5）产品加工制造的生产工艺流程是否切实可行，能否保证质量，加工设备是否先进。

（6）产品制造中拟采用的质量措施是否满足要求，检测手段是否先进。

三、制造阶段的质量管理

产品的加工制造过程是其实体形成的过程，也是产品质量形成的过程，项目单位应委托有资质的监造单位依据技术协议、标准、工艺等文件对产品加工制造过程中每一个细节进行严格质量控制，确保生产过程符合要求，生产出合格的产品。该阶段质量管理工作主要包括（以监造的产品质量管理为例）：

（1）审查供应商报送的产品制造计划和工艺方案，提出审查意见，符合要求后予以确认。

（2）审查供应商的资质、质量管理体系运行情况及其实际生产能力，符合要求后予以确认。

（3）审查产品制造的检验计划和检验要求，确认各阶段的检验时间、内容、方法、标准以及检测手段、检测设备和仪器。

（4）审核产品制造过程中拟采用的新技术、新材料、新工艺的鉴定书和试验报告，并签署审查意见。

（5）审查产品主要及关键零件的生产工艺设备、操作规程和相关生产人员的上岗资格，并应检查产品制造及装配场所的环境。

（6）审查产品制造原材料、外购配套件、元器件、标准件的质量证明文件及检验报告，检查供应商对外购器件、外协加工件和材料的质量验收，以及审查供应商提交的报验资料，符合要求时予以签认。

（7）监督和检查产品的制造过程，对主要及关键零部件的制造工序进行抽检或检验；要求产品供应商按批准的检验计划和检验要求进行产品制造过程的检验，做好检验记录，并审查检验结果。当质量不符合要求时，可指令产品供应商进行整改、返修或返工；如发生质量失控或重大质量事故时，应下达暂停制造指令，并提出处理意见。

（8）审查设计变更及因变更而引起的费用增减和制造工期的变化。

（9）检查和监督产品的装配过程，必要时对符合要求的予以签认。

四、运输阶段的质量管理

产品运输阶段是产品运送至项目单位现场的过程。在产品的运输阶段，项目单位应对产品包装、运输等方式进行质量控制，确保产品在运输过程中不受到任何损伤。该阶段质量管理工作主要包括：

（1）审查运输企业的资质是否符合要求，运输大型结构件、主变压器、高压电缆、电抗器等设备的企业应具有电力大件运输企业资质证书。

（2）审查主要产品、有特殊运输要求的产品和超大型设备的运输计划和装卸方案是否合理和能否保证质量。

（3）在产品运输之前，监造人员应检查产品的防护和包装是否符合运输、装卸、储存、安装的要求，以及随机的文件、装箱单和附件是否齐全。

（4）监督产品的装卸过程，发现问题及时处理；及时了解产品运输中的情况，协助解决运输中发生的问题。

五、到货验收阶段的质量管理

到货验收阶段的质量管理是指产品到达项目单位现场后，对产品的规格、型号、数量、外观等进行检查，通过质量检验取得的数据与供应商提供的质量保证文件相比较，以判断质量保证文件和产品质量的可靠性，决定是否接收产品和安装使用。该阶段质量管理工作主要包括：

（1）产品到货后，项目单位质量监督人员应根据设计图纸、订购合同和有关的质量标准，清点货物，核查供应商提供的质量保证文件和资料，并根据具体情况做必要的质量确认检验，然后分析和判断产品质量是否达到了规定的质量要求。

（2）检查产品的储存环境和储存条件是否符合要求，并督促有关单位定期检查和维护。

（3）当对供应商的质量保证资料有怀疑，或文件与实物不符，或设计、技术规程和合同中明确规定需要进行复验后才能使用，或对于重要产品，均应进行复验，根据复验结果再决定是否安装使用。

第二节 物资质量监督管理概述

物资质量监督管理是保障采购物资质量的重要管控举措。本节主要介绍物资质量监督管理概念及物资质量监督方式。

一、物资质量监督管理概念

物资质量监督管理是指依据合同或相关标准、规定，对采购物资的供货质量进行监督，是物资采购环节进行质量管控的一种专业性管理工作。物资质量监督管理工作不能代替物资需求部门、项目管理部门、专业管理部门对物资的到货验收、安装调试、运维检修等环节的质量管理工作。项目单位应制定物资质量监督工作计划并组织实施，对产品全过程质量进行监督管控。

二、物资质量监督方式

抽水蓄能物资的质量监督方式主要包括对设备/材料采取的监造、抽检、巡检、出厂验收（试验见证），以及对电商平台采购物资采取的用户评价、抽检等手段。

（一）设备监造

1. 监造概念

监造是指依据设备采购合同、监造服务合同以及相关标准等，对设备/材料生产制造过程关键点监督见证，可以是项目单位自行组织实施，也可以委托具备资质的监造单位实施。

项目单位依据设备制造工艺特点确定监造方式，以驻厂监造为主，部分设备可采取关键点见证或出厂试验抽查见证方式。

（1）驻厂监造。驻厂监造指在制造单位内派驻监造人员，对设备或材料制造过程的质量和进度实施现场全程监督见证的活动。

驻厂监造人员应由熟悉产品专业技术，具有相关工作经验和能力的人来担任。驻厂监造人员对产品的制造质量与进度进行监督见证，并做出质量评价，并在见证情况表上签字，能够对一般性质量问题提出处理意见，对处理结果进行确认。驻厂监造人员应将质量信息反馈至项目单位，以供决策。

驻厂监造人员需做好监造的准备工作，包括：

1）熟悉设计图纸，掌握设计意图及产品制造的工艺要求；

2）熟悉现行国家、行业及企业相关规范、规程、标准及采购合同中有关产品制造的规定和要求；

3）参加项目单位组织的设计联络会，参与产品制造图纸的设计交底，进一步了解产品加工制造的要求；

4）产品制造工作结束后，监造人员向项目单位提交产品监造工作总结。

（2）关键点见证。关键点见证指监造人员对设备关键制作工序进行旁站监督检查，对关键原材料、重要外购及外协件开展延伸监造的质量监督活动，见证内容包括设备/材料的技术文件、关键工序、试验过程、包装运输等，见证完成后，监造人员应编写关键点见证报告。

关键点见证人员需做好监造的准备工作，包括：

1）熟悉制造单位的分包、外协、外购件的采购技术协议及产品的制造工艺要求；

2）熟悉现行国家、行业及企业相关规范、规程、标准及采购合同中有关产品制造的规定和要求；

3）掌握分包、外协、外购件的生产检验计划；

4）工作结束后，监造人员及时整理工作资料并归档。

2. 监造设备范围

监造设备范围包括机组及其附属设备（主要包含水泵水轮机、发电电动机、主进水阀等）、220kV及以上的变压器、气体绝缘金属封闭开关设备（GIS）、电力电缆、断路器、电抗器、桥式起重机、闸门及启闭设备等。其他设备/材料的监选由项目主管部门或项目单位根据需要确定。

（二）物资抽检

1. 抽样检测概念

抽样检测（简称"抽检"）指项目单位以抽样的方式，对制造单位或供应商供货物资的性能参数进行检验测试，验证其与合同要求的符合性。产品抽样检测分为厂内抽检和厂外抽检。

2. 抽检范围

物资抽检范围主要包括土建施工原材料、金属结构施工原材料；铁塔、导地线、110kV 及以下电力电缆等线路材料和电商平台采购物资。各类物资抽检比例、抽检数量、检测项目根据实际情况确定。

项目单位可根据需要，扩展物资抽检范围，抽检内容可以覆盖至其他设备/材料（如隔离开关、电流互感器、避雷器、电容器、高压开关柜、计量设备、直流系统、通信设备、仪器仪表、安全工器具、检修工器具等）、电站辅助设备设施、重要设备的原材料组部件及重要制造工序。

（三）出厂验收

1. 出厂验收概念

出厂验收指项目单位组织验收组在设备制造现场对已完成制造的合同设备或重要零部件进行检验、试验，验证设备或零部件是否满足合同技术要求的活动。

2. 出厂验收范围

出厂验收的设备、材料范围，主要是桥式起重机、金属结构设备、机组及其附属设备（含发电电动机出口断路器、隔离开关、电抗器）、220kV 及以上的输变电设备、厂用电设备等主要机电设备以及未实施监造或抽检的重要设备/材料。

（四）巡检

1. 巡检概念

巡检是指项目单位根据工作需要，自行组织或委托其他机构开展的对设备/材料生产制造现场、监造工作情况等进行关键点见证的活动。

2. 巡检重点内容

巡检重点是制造单位质量管理体系运行情况，包括设备/材料的生产进度、生产环境、重要工艺环节、检验检测等，同时检查相应设备/材料监造工作开展情况。

第三节　设备监造管理

监造实施单位按照设备供货合同的要求，坚持客观公正、诚信科学的原则，对工程项目所需设备在制造过程中的工艺流程、制造质量及设备制造单位的质量体系进行监督的服务。监造管理是产品质量和进度管控的重要举措。本节主要介绍抽水蓄能电站机电设备监造工作方法、监造工作流程及质量管理和监造注意事项。

一、监造工作方法

抽水蓄能电站项目建设周期长，各项目单位机组设备参数不统一，各制造单位在质量管理体系、制造技术及标准、人员储备等方面存在差异，应根据制造单位的管理水平、技术能力、生产能力等要素合理判断监造设备方式，设置不同质量见证点，科学合理地开展监造工作。

（一）确定监造方式

监造方式的确定需考虑设备的承压特性、转动部套、加工尺寸精度要求、绝缘耐压等级，兼顾设备在投资中的比重、对运行可靠性、效率的影响程度，设备监造方式见表 5-3-1。

表 5 - 3 - 1   设备监造方式

序号	设备名称	监造方式	序号	设备名称	监造方式
1	水泵水轮机	驻厂	11	计算机监控系统	关键点见证
2	调速系统	关键点见证	12	钢岔管	驻厂
3	进水阀	驻厂	13	220kV 及以上电力变压器	驻厂
4	发电电动机	驻厂	14	220kV 及以上高压电力电缆	驻厂
5	励磁系统	关键点见证	15	GIS 设备	驻厂
6	静止变频启动装置	关键点见证	16	主厂房桥式起重机	驻厂
7	离相封闭母线	关键点见证	17	卷扬启闭机	关键点见证
8	发电机电压回路开关设备	关键点见证	18	液压启闭机	关键点见证
9	机组状态监测系统	关键点见证	19	闸门	驻厂
10	继电保护	关键点见证	20	拦污栅	驻厂

部分设备因供应商分包、外协、外购等原因造成监造地点变化或增加，项目单位可根据设备制造特性调整设备监造方式。

（二）确定质量见证点

根据《设备工程监理规范》《电力设备监造技术导则》及《抽水蓄能机组设备监造导则》等规范，在驻厂监造、关键点见证工作中均应设置质量见证点，并通过对质量见证点检查开展设备监造工作。

1. 质量见证点的分类

质量见证点可分为文件见证点、现场见证点、停工待检点三类。

（1）文件见证 record point（R 点）：监造工程师查阅制造单位提供的有关合同设备原材料、元器件、外购外协件及制造过程中的检验、试验记录等资料。

（2）现场见证 witness point（W 点）：监造工程师在现场对设备制造过程中的某些工序进行监督检查，现场见证项目应有监造工程师在场对制造单位的检验、试验等过程进行监督检查，对见证结果予以签认。

（3）停工待检 hold point（H 点）：监造工程师和（或）监造委托人现场参加设备制造过程中重要工序、关键的检验试验或不可重复检验试验的检查签认，停工待检项目经检查签认后方可转入下道工序。

2. 抽水蓄能物资质量见证点设置参考

抽水蓄能物资质量见证点的设置可参照以下情况：

（1）采取驻厂监造的设备要求原材料、组部件性能检验证书宜设置 R 点；设备制造过程的重要工序检验试验（如焊缝无损检测、加工尺寸检查等）宜设置 W 点；设备出厂前的组装检查和试验宜设置 H 点。

（2）采取关键点见证的设备要求原材料、组部件的检验证书宜设置 R 点；重要部件检验或试验证书宜设置 R 点，必要时设置 W 点；出厂前的检验、试验宜设置 H 点。

二、监造工作流程及质量管理

（一）监造工作流程

监造工作主要分为监造准备和监造实施两个阶段，设备监造工作流程如图5-3-1所示。

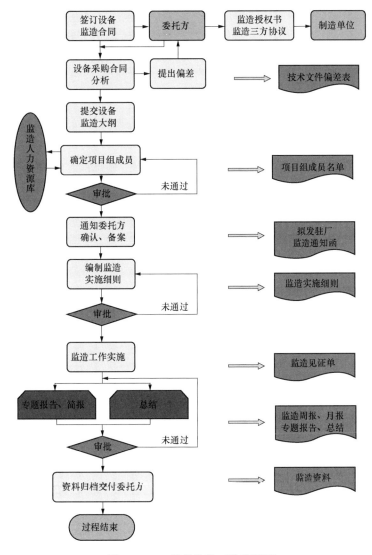

图5-3-1　设备监造工作流程图

1. 监造准备

监造准备包含以下工作任务：签订设备监造服务委托合同，确定监造范围、工作内容及实施时间；成立监造项目部；进行设备采购合同分析，组织编制设备监造大纲（规划）；项目单位组织制造单位、监造单位等召开监造启动会、联络会，必要时组织签订设备监造三方协议，明确各方责任和义务。

部分项目单位采购的设备涉及EPC（Engineering Procurement Construction）总承包是指公司受业主委托，按照合同约定对工程建设项目的设计、采购、施工、试运行等实行全过程或若干阶段的承包，不具备签订监造三方协议的条件，项目单位可将监造启动会纪要或相关签字文件作为设备采购合同的补充内容和监造工作的依据。

2. 监造实施

监造单位通常应设立监造项目部，监造项目部收到项目单位发出的监造通知函后，向制造单位派出监造组开展监造工作。

监造组根据项目单位、制造单位提供的资料编写《监造实施细则》，主要内容包含监造依据，监造工作内容，质量控制点及质量见证方式，监造过程的表格、报告和记录格式等；《监造实施细则》根据设备制造情况进行动态更新，经项目单位批准、制造单位备案后实施。

监造单位对设备/材料生产制造过程质量进行监督见证，监造人员需现场填写见证情况表，主要内容及工作流程如下：

（1）审查制造商的质量管理体系及运行情况。

（2）根据采购合同交货期（限），核实制造商排产计划是否满足供货要求。

（3）监督见证主要生产设备、操作规程、检测设备及检测方法、人员上岗资格、设备制造和装配场所的环境。

（4）监督见证外购的主要原材料、组部件、外协加工件、委托加工材料等，与合同约定相核对。

（5）检查制造商对外购的主要原材料、组部件、外协加工件、委托加工材料等入厂检测（检查）情况。

（6）监督见证关键组部件生产加工过程。

（7）监督见证设备本体生产制造关键工序，以及各制造阶段的检验或测试。

（8）见证设备采用的新技术、新材料、新工艺等。

（9）掌握设备（材料）的生产、加工、装配和试验的实际进展情况，督促制造商按合同要求如期履约。

（10）当出现进度偏差或预见可能出现的延误时，应及时报告项目单位，并监督制造商整改。

（11）审核制造商设备出厂验收方案并提前通知项目单位，参加设备（材料）出厂验收（试验见证）。

（12）检查设备包装质量、存放和装车发运准备情况。

（13）及时做好监造信息的统计、分析和报送工作。

（14）配合项目单位开展其他相关质量监督工作。

（二）制造质量问题管理

制造质量问题按照产生原因可分为焊接类、原材料类、加工装配类、工艺执行类、试验类、设计类、清理防腐类、包装防护类等，问题处理全过程要严格按照相应规定标准进行闭环处理。

在设备监造工作中，为保证设备质量，需要对设备制造过程中产生的质量问题进行管理，提高设备质量问题处理效率，制造质量问题按严重程度分为轻微质量问题、一般质量问题、重大质量问题三类，分别采取不同的处理措施。

1. 轻微质量问题

轻微质量问题主要是指在制造现场经过简单修复能够满足设备技术条件，不影响交货期，不遗留安全隐患的问题。

出现轻微质量问题，监造单位应及时指出并督促制造单位及时整改，同时在监造日志中记录，必要时上报项目单位。

2. 一般质量问题

一般质量问题主要是指在设备生产制造过程中，出现不符合设备订货合同规定和已经确认的技术标准和文件要求的情况，通过简单修复可及时纠正的问题。

出现一般质量问题，监造单位要及时查明情况，向制造单位发出工作联系单（见表5-3-2），及时报送项目单位，要求制造单位分析原因并制定处理方案。监造单位审查制造单位的处理方案并监督制造单位实施，整改情况需报告项目单位确认。

表5-3-2　　　　　　　　　　工作联系单

项目名称：××抽水蓄能电站××设备　　　　　　项目编号：1802-3/4
制造单位：××有限责任公司　　　　　　　　　　联系单编号：XYJS-FNJZ-04

主题：
致：××有限责任公司××项目部 事由：监造工程师对1号机转轮材质进行见证时，发现转轮铸件牌号与主机采购合同规定的转轮牌号不符，按照主机合同约定，发生材料代用，贵公司事先提出材料变更说明，并报业主单位同意，方可投料生产。请贵公司按合同约定履行材料变更审批流程
发送单位/部门：××公司××电站设备监造项目部 签发人：吴某　　　★ 日期：2021年3月25日
签收单位/部门： 签收人：邓某　　　★ 日期：2021年3月25日
抄送单位/部门：××抽水蓄能有限公司

3. 重大质量问题

重大质量问题主要包括但不限于下列情况：制造单位擅自改变供应商或规格型号或采用劣质的主要原材料、组部件、外协件；在生产制造过程中，制造单位的管理或生产环境失控，明显劣化的；设备/材料出厂试验不合格；设备/材料需要较长时间才能修复。

出现重大质量问题，监造单位应向制造单位发出工作联系单或监造通知书（见表5-3-3），及时报送项目单位。项目单位根据问题严重程度提出整改要求，必要时可要求制造单位停工整改。制造单位提出问题整改方案，经监造单位审核后报项目单位审批，监造单位依据项目单位批复的处理方案或意见监督制造单位整改，整改情况需要项目单位验收确认（可委托监造单位验收确认）。

表 5-3-3   监造通知书

项目名称：××设备监造服务合同   编号：××××××××××

主题：
致：××有限公司××项目监理部 事由：1 号顶盖主法兰探伤发现 4 处焊缝裂纹缺陷，监造人员巡检时发现工人正在对缺陷部位进行打磨，贵公司应立即停止缺陷修复，并对缺陷的产生原因进行分析，提出处理方案，待修复方案通过业主审批后，方可进行修复 <div align="right">监造机构/监造工程师：赵茸 </div> <div align="right">日期：2022 年 8 月 28 日</div>
主送单位/部门：
抄送单位/部门： ××发电厂

制造质量问题管理流程如图 5-3-2 所示。

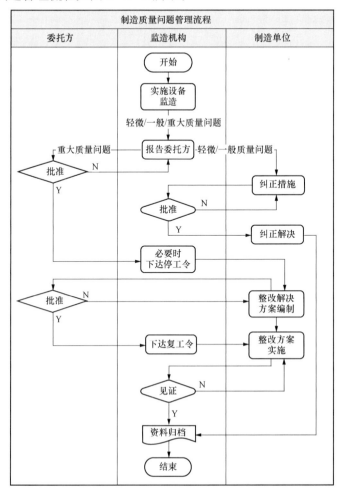

图 5-3-2   制造质量问题管理流程

三、监造注意事项

制造单位应采用经过实践验证且先进合理的制造工艺进行制造和加工，全部制造工艺由专业技术人员和经过培训的熟练技工担任。监督见证设备/材料生产制造过程，要及时掌握设备/材料的生产、加工、装配和试验的实际进展情况，督促制造单位按合同要求如期履约，当出现进度偏差或预见可能出现的延误时，应及时报告项目单位。及时关注质量管理体系的运行情况，在监造工程师日常巡检过程中或在现场质量见证过程中发现质量问题后，应及时向制造单位指出，并要求制造单位采取纠正措施，修改和完善质量管理体系。

监造单位的审查重点包括：

（1）审查制造单位的质量管理体系运行情况、批准时间及颁发部门、年审情况等。

（2）审查制造单位是否有规范的设计评审、工艺评审、操作规程、检测方法等文件性规章制度。

（3）审查制造单位是否有规范的材料、配套件、产品分包质量保证体系。

（4）审查制造单位生产设备、检测计量器具是否按期检定。

（5）审查制造单位特种作业人员是否具有上岗资质证书，且资质等级及期限是否在有效期内。

（6）审查制造单位设备制造环境、装配场所环境是否满足作业要求。

四、监造信息管理

监造信息管理是指监造单位按要求对监造过程信息以监造日志、信息简报、专题报告等形式进行上报，监造信息管理要点如下：

（1）监造单位编写监造日志，及时、客观记录监造工作过程发现的问题及处理情况等，设备/材料制造交货高峰期应以监造周报的形式向项目单位报送监造工作情况。

（2）监造单位依据月度监造工作开展情况、监造人员投入、设备质量与进度控制情况、有关会议纪要和工作联系单等编制监造月报，及时报送项目单位。

（3）跨年度实施的监造工作，监造单位编制本年度监造工作总结和下年度监造工作计划，及时报送项目单位。

（4）监造单位严格根据缺陷类型、性质确定制造质量问题等级（重大、一般、轻微），按照质量问题等级进行相应的响应。发现重大质量问题或进度问题，监造单位应在 24 小时内将有关情况报告项目单位，项目单位应在 48 小时内报告国网新源控股物资部门和项目主管部门。重大质量问题处理完成后 7 日内，监造单位应依据见证过程和处理结果形成专题报告并提交项目单位。

（5）现场监造工作完成后，监造单位应及时整理、汇总监造相关资料、记录等文件，编制监造工作总结并提交项目单位。

（6）项目单位在收到监造单位提交的监造周报、月报、年报、专题报告、监造工作总结等报告时，应及时组织相关人员审查，对报告中涉及的问题事项进行研究讨论，明确整改方案并督促整改落实。

（7）监造单位按项目单位档案管理要求，将监造过程形成的文件材料及时移交项目单位。

（8）项目单位每月按要求完成本单位监造信息收集汇总，形成物资质量监督管理报告，并及时上报。

第四节　物资抽检管理

抽检在物资质量监督制度中是一个非常重要的管理手段，通过抽样检测，能够保证物资的供应质量，为抽水蓄能电站的工程建设、生产运营提供物资保障。本节介绍了抽检管理概述和抽检管理流程。

一、抽检管理概述

抽检管理可依据取样地点、组织方式、抽检委托单位进行分类。

（一）根据取样地点的不同，抽检分为厂外抽检和厂内抽检

厂外抽检是指项目单位在供应商生产制造现场以外进行随机取样后，送到具备相应资质的专业检测机构进行检测，包括工程现场抽检、仓储地抽检等，检测样品原则上应采取盲样的方式进行检测。

厂内抽检是指项目单位在供应商生产制造现场进行随机取样后，送到有相应资质的专业检测机构进行检测，对特殊设备/材料、大型设备、半成品、重要原材料组部件等的检测可采取厂内抽检。

（二）根据组织方式的不同，抽检分为常规抽检和专项抽检

常规抽检指由项目单位按照抽检计划组织实施的日常性抽检，如对铜覆钢、钢板、焊材、止水材料等常采用常规抽检。

专项抽检指由国网新源控股物资部门或专业主管部门牵头组织实施的，针对某一种或几种重要物资开展的集中抽检，如国网新源控股委托其物资公司开展的针对电商平台采购的安全工器具、电力电缆、阀门、断路器等物资的专项抽检。

（三）根据抽检委托单位的不同，抽检分为施工单位抽检、监理单位抽检和项目单位抽检

施工单位抽检是指施工单位委托有相应资质的专业检测机构对所用材料的质量情况进行检测、校验。

监理单位抽检是指监理单位委托有相应资质的专业检测机构对工程所用材料进行质量复核检测的抽检。

项目单位抽检是指项目单位委托有相应资质的专业检测机构对工程所用材料进行质量监督检测的抽检。

对于有监理单位的工程项目，施工单位抽检、监理单位抽检和项目单位抽检时，监理工程师需见证取样过程。

本节所述的抽检，主要是监理单位抽检和项目单位抽检。监理单位抽检时，施工单位的物资或专业管理人员需在现场；项目单位抽检时，项目单位的物资或专业管理人员需见证取样过程。

二、抽检管理流程

抽检工作的主要依据是物资采购（供货）合同和相关的标准、制度，包括国家标准、行业标准、上级单位管理规定等。抽检管理流程按照取样阶段分为到货抽检和使用过程中抽检，两个管理流程都可以根据项目需要由项目单位组织实施，具体流程如图 5-4-1、图 5-4-2 所示。

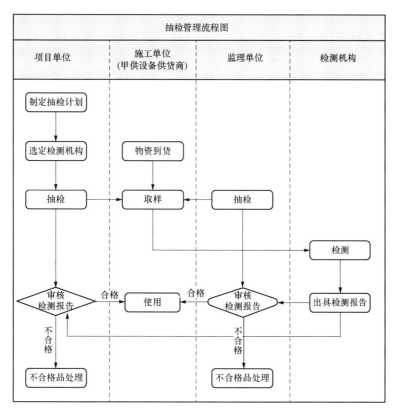

图 5-4-1 到货抽检管理流程图

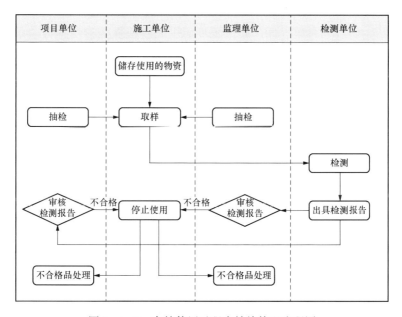

图 5-4-2 存储使用过程中抽检管理流程图

（一）抽检计划

抽检计划应根据物资采购合同、工程施工进度、检测机构条件、物资供应特点和物资存储条件等因素，综合项目单位人员和资金安排，统筹编制。抽检计划的内容包括物资名称、物资种类及数量、供应商（生产厂家）、实施单位、抽检方式及检测时间等。

抽检计划根据编制时间安排，分为年度抽检计划和专项抽检计划。年度抽检计划一般在上年度年底编制，专项抽检计划一般在年初或实施前编制。

项目单位抽检计划编制完成后，需要经过监理单位审核，确保抽检计划可以执行，监理单位审核通过后，根据需要发送至施工单位、监理单位、检测机构以及上级单位主管部门等。

（二）抽检实施

抽检实施包括检测机构选取、取样与封样、检测和出具检测报告四个环节。抽检人员现场作业时，应严格遵守《国家电网公司电力安全工作规程》及现场相关安全管理规定，做好防护措施，确保作业安全。

1. 检测机构选取

抽检工作一般委托专业检测机构组织实施。专业检测机构选取应符合企业服务类项目招标采购管理规定。

专业检测机构根据抽检对象、工程特点合理选择检测方式及地点，根据物资供货情况组建抽检小组，抽检小组一般由项目管理人员、检测人员、监督人员等组成，抽检小组成员应熟悉抽检工作的相关规定、标准和供应商产品的结构、性能，并具备一定的组织、协调能力。

2. 取样与封样

抽样地点包括设备/材料仓库、施工现场、供应商提供的货库内等。根据抽检方案和设备制造进度，采取随机抽取与针对性选取相结合的方式确定样品。取样和封样数量应尽量大于两倍最小抽检量，以备供应商对抽检结果有异议时，将备品封样件送交供应商认可的第三方检测机构复检。

取样工作可以由检测机构实施，也可以由委托单位实施。取样一般在物资到货验收后进行，在物资存储使用过程中，如果对物资质量存有疑义，也可随时取样。取样时供货商、监理单位和检测机构人员均应在现场；如无监理单位，则项目单位人员应在现场；如取样工作较简单且检测机构未在现场设置试验室，则检测机构可不参加；如项目单位抽检，则项目单位人员应在现场。

取样前，委托单位应填写委托单作为检验服务费用的结算依据，由委托单位专业技术人员签字。取样时，宜填写见证取样单作为取样过程的证据，由取样人员和见证取样人员签字。委托单和见证取样单应写明委托单位名称、抽检物资名称、批次号、代表批量、检测指标、执行标准等信息。检测委托单见表 5-4-1，原材料监理见证取样单见表 5-4-2。

表 5 - 4 - 1 检测委托单

委托编号：WT - ＊＊Q3 - RS2020＊＊＊

委托单位	某抽水蓄能有限公司		
建设单位	某抽水蓄能有限公司		
工程名称	某抽水蓄能电站筹建期洞室及道路工程		
使用部位	筹建期洞室及道路工程		
样品名称	细骨料	样品编号	YP - ＊＊Q3 - RS2020＊＊＊
检测项目	细度模数、石粉含量、泥块含量		
执行标准	DL/T 5151—2014《水工混凝土砂石骨料试验规程》、DL/T 5144—2015《水工混凝土施工规范》		
规格型号	人工砂（中砂）	等级/牌号	—
出厂批号	—	代表数量	—
样品数量	1（组）	包装方式	—
取样地点	成品料堆	生产厂家	十二局上库砂石加工系统
取样日期	2020 - 11 - 10	检测日期	—
样品处置	检后退回（检后退回样品保留期为三个月）□ 检后无异议由主检单位自行处理☑按标准或规范要求的处置周期□ 有特殊要求 □（请说明）		
备注	施工单位：A 工程有限公司某抽水蓄能电站工程 Q3 标项目经理部		
委托单位： 同意 （印章） 签字：邓某 2020 年 11 月 10 日		主检单位： 同意 （印章） 签字：赵某 2020 年 11 月 10 日	监理单位： 同意 （印章） 签字：张某 2020 年 11 月 10 日

说明：本委托单一式三份，第一份委托单位留存，第二份主检单位留存，第三份监理单位留存。

表 5 - 4 - 2 原材料监理见证取样单

合同编号：SG＊＊＊＊00JHGC1700＊＊＊ NO. 20202＊＊

合同名称	某抽水蓄能电站筹建期洞室及道路工程施工		
委托单位	某抽水蓄能有限公司		
使用部位	筹建期洞室及道路工程		
样品种类/名称	细骨料	规格	人工砂（中砂）
检测项目	细度模数、石粉含量、泥块含量		
炉号/批号	—	代表批量	—
到货日期	—	取样日期	2020 - 11 - 10
取样地点	成品料堆	生产厂家	十二局上库砂石加工系统
取样通知人		取样人	
见证取样监理		日 期	2020 - 11 - 10
备注：			

取样时，根据样品类型及实际情况进行样品封样，保证封样过程客观公正。以封条、照片等形式记录样品的唯一性，原则上要求抽检人员和供应商现场签字确认；必要时，可由监督人员进行现场监督。

取样后，送检的样品需要做好包装和防护，由取样实施单位（检测机构或委托单位）将样品送至检测实验室，由检测机构负责对样品进行编号并妥善保管。

取样要按照规范要求的方法和规则开展，对于本节确定的主要物资，具体抽检物资取样方法详见附录 A。

3. 检测

检测一般在试验室进行。检测时，试验室的温度、湿度等环境条件要满足要求，设备经过检定或校准合格，设备操作人员已授权，样品或检测试块检查合格后方能开展检测工作。在供应商厂内检测时，抽检实施方可自备检测设备或使用供应商检测设备，检测设备必须在法定检定检验合格期内。

对送检样品的检测，尽量采取盲检方式。检测过程中，如出现不合格情况，检测机构应立即通知委托单位、监理单位和项目单位，必要时相关方可以见证检测过程。常见抽检物资检测项目详见附录 B。

检测工作结束后，检测机构应按照约定处理样品，不得污染环境。对于用于重要部位的物资，检测机构还应留取一定数量的样品备查。

4. 出具检测报告

检测机构完成检验工作后，应按照合同约定及时出具检测报告，一般在检测工作结束的 5 个工作日内应完成检测报告和抽检问题报告的编制、送达工作。

检测报告应能反映出样品信息，有明确的结论，并加盖检测机构公章和具有法律效力的 CMA 印章（如适用），如有需要，监理单位见证检验人员需在检测报告上签字。

检测机构应将检测报告提交给项目单位或监理单位，如有检验不合格项目，则还需另行通知项目单位和监理单位，必要时可采取书面形式通知。检验检测报告示例如图 5 - 4 - 3 所示。

（三）抽检结果处理

抽检合格的物资，项目单位或监理单位应及时通知施工单位，可以使用该批物资。抽检不合格的物资，应按照合同约定或相关要求进行处理。检测发现质量问题有异议的，可经供需双方协商进行复检、再次取样检测或由权威检测部门定性。因质量问题造成换货的物资，应做好更换后的抽检工作。经试验不合格或有问题的样品，一般需做好相关记录、留影等，并监督供应商处置，确保不合格样品不会再次进入工程；试品检测后，需保留一段时期的追诉期，经供需双方确认后再进行相应处理。

检测过程中发现有重大物资质量问题的或重要性能指标不满足要求的，检测机构应在 24 小时内报项目单位。对于抽检发现的重大质量问题、供应商严重不诚信行为以及需要公司协调处理的紧急事项，项目单位应在 48 小时之内报送上级单位物资主管部门和项目主管部门。项目单位依据合同约定开展抽检不合格产品的处理，在处理完成后 5 个工作日内将处理结果报送上级单位物资主管部门和项目主管部门。

若供应商对检测结果存在疑义，则由项目单位和供应商协商，另行抽取一组样品进行复检或另外选定一家具有相应资质的检测机构进行复核，如复检或复核结果合格，则

国家中低压配电设备质量监督检验中心
China National Center for Quality Supervision & Testing of Mid-low Voltage Distribution Equipment

检 验 检 测 报 告
Test Report

Ne：ZXYW20210077

共 16 页　第 1 页
Page No. 16-1

产品名称 Product Name		漏电断路器		规格型号 Specifications	iC65N C63A+Vigi iC65 ELE 1P+N
生产日期/批号 Producing Date/Batch No.		——/——		商 标 Brand	
委托单位名称/地址/电话/邮编 Commission Unit/Add/Tel/PC		有限公司/北京市西城区			
受检单位名称/地址/电话/邮编 Unit being tested/Add/Tel/PC		——/——/——/——			
生产单位名称/地址/电话/邮编 Manufacturer/Add/Tel/PC		标称为 终端电器有限公司/上海			
检验检测类别 Test kind		委托送样检验		样品编号 Sample number	ZXYW20210077
样品数量 Sample quantity		6台		样品等级 Grade	——
样品接收日期 Date of receipt of the test item(s)		2021-04-01		样品状态 Sample status	符合检验检测要求
检验检测日期 Test dates		2021-04-08～2021-04-08			
检验检测与判定依据 Test&Judgement standard(s)		GB/T 16917.1—2014《家用和类似用途的带过电流保护的剩余电流动作断路器（RCBO）第1部分：一般规则》 GB/T 16917.22—2008《家用和类似用途的带过电流保护的剩余电流动作断路器（RCBO）第22部分：一般规则对动作功能与电源有关的 RCBO 的适用性》			
检验检测结论 Test Conclusion		样品经检验，所检项目符合GB/T 16917.1—2014及GB/T 16917.22—2008标 签发日期：　2021-0			
备 注 Note		——			

批 准　　　　　　　审 核　　　　　　　主 检

Approval　　　　　Proofreader　　　　Major Tester

图 5 - 4 - 3　检验检测报告示例

可以认定该批次物资合格；如复检或复核结果不合格，则应按照合同约定进行处理，如合同未约定或约定不明确，可按以下原则进行处理：

（1）由项目单位组织设计单位、监理单位、检测机构和施工单位（必要时，可邀请行业专家组成专家组）共同进行评估，如经评估认为该不合格指标不影响物资的使用功能，则可以继续使用；如经评估认为该不合格指标对物资的使用功能有部分影响但不严重，则可以限制使用部位或使用量或调整施工要求；如经评估认为该不合格指标严重影响物资的使用功能，则应通知供应商回收该批次物资。

（2）抽检发现的物资质量问题和处理措施，项目单位应以书面形式告知供应商。

（3）对于需进行临时存储保管的物资，在抽检时发现不合格，如果是由于施工单位保管不善造成的，则按照施工合同进行处理；如果是供货商原因造成的，则按照物资采购（供货）合同进行处理。

第五节 出厂验收管理

本节主要介绍出厂验收大纲编制、验收组职责、验收实施等。

一、出厂验收大纲编制

出厂验收工作应依据出厂验收大纲进行。出厂验收大纲由项目单位依据合同及设计文件要求，组织制造单位针对设备特性在验收工作开展前编制完成，明确验收范围、验收内容、验收程序以及验收方式等，具体包括前言（合同内容简述）、验收依据及主要技术规范、出厂验收范围（明细）、出厂验收项目、出厂验收程序及安排、设备制造质量情况及主要性能指标、设备制造过程中出现的质量缺陷及处理情况等。

出厂验收大纲应在设备出厂验收前 45 天内编制完成并批准发布。特殊情况下，应在设备验收前 30 天批准发布。

验收依据相同的分批出厂的批量设备，可编制一份出厂验收大纲；验收依据不同的设备，设备出厂验收大纲应独立编制。

二、验收组职责

验收组由项目单位组织成立，成员由项目单位、监造单位、设计单位、监理单位、施工单位等相关人员组成，且专业应覆盖设备制造、安装调试、运维等相关专业。

验收组的职责包括对合同产品的制造质量进行全面检查；检查重要部件的原材料的材质检验记录和元器件的检验记录；检查重要部件的加工、焊接和热处理工艺以及质量保证措施，并检查有关资料；参与产品主要部件的试验与装配，并对试验结果进行签证；检查产品的设计修改和质量问题的处理情况；检查产品包装发运准备情况；形成验收纪要。

监造单位应在验收工作中向验收组汇报监造情况，在验收后对验收遗留问题及整改项目的处理进行监督。经出厂验收组签证的项目，制造单位仍应对其质量负全部责任。

三、验收实施

制造单位在拟验收的设备完成加工、制造、检查、试验和不符合项处理等工作后，确保设备质量记录完整，向项目单位提出验收申请，验收申请应包括验收范围、时间计划、验收方案、已具备的条件等。

项目单位组织成立验收组，前往制造单位以设备采购合同、采购技术规范书、相关标准、规程规范、出厂验收大纲、设计联络会会议纪要等为依据开展验收工作，验收包括设备实体验收和技术文件资料验收。

设备实体验收包括设备供货范围检查、设备本体（外观、清洁度、重要尺寸、接口尺寸及标记等）检查、设备的附件（包括不随设备包装的零部件、备品备件、专用工具、见证件等）检查、设备功能/性能（包括动作、密封、电气设备功能、性能等）检查、设备隐蔽部位检查和软件检查。

技术文件资料验收包括产品合格证书、质量证明文件、检验/试验报告及记录、外形及接口尺寸检查记录、不符合项报告（如有）、设计变更单（如有）、竣工图、安装图、安装/运行维护手册、包装储存运输技术条件等资料。

验收开始前举行验收会议，由制造单位汇报设备制造质量，会后验收组查阅设备制造过程中的质量检查资料，并进行设备实体检查，见证出厂试验。检查完毕后，形成出厂验收结论意见并签署纪要。

验收结论一般分为准许出厂、局部整改后出厂和不予出厂三种。经验收组验收后，所有验收项均满足验收要求，无任何遗留项，验收结论应填写"准许出厂"；若验收后存在少量的遗留项，遗留项能及时完成整改并满足合同要求时，经监造代表验收后可以出厂，验收结论应填写"局部整改出厂"；若验收中存在较多遗留项，或存在重大问题，应在出厂前整改，需经再次检查验收，经验收合格后可以出厂，验收结论应填写"不予出厂"。

验收过程中发现的问题或需整改项，除需在验收纪要中明确，还应按整改问题逐条发出验收遗留问题跟踪单，若验收结论为局部整改后出厂和不予出厂，制造单位应及时按照验收遗留问题跟踪单逐项进行整改，整改后由监造代表或项目单位确认并签署遗留问题跟踪单放行出厂，关闭的验收遗留问题跟踪单作为发货通知的附件发送项目单位。

第六节　物资质量监督管理案例分析

本节主要介绍了抽水蓄能电站物资质量监督质量问题管理案例。

【案例】　某抽水蓄能电站机组设备1号机座环蜗壳存在质量问题

一、背景描述

2019年5月，某抽水蓄能电站1号机座环蜗壳经A制造单位开始加工制造。2020年9月，A制造单位完成1号机座环蜗壳涂装并发运至某抽水蓄能电站施工现场。同月，在某抽水蓄能电站施工现场对1号机座环蜗壳部分焊缝坡口面进行打磨，经施工现场人员无损检测后发现某坡口钝边部位存在4处密集性气孔缺陷。

二、存在问题

（1）某抽水蓄能电站1号机座环蜗壳在A制造单位焊接分厂加工制作时，焊接人员未严格按照焊接工艺操作。

（2）焊接操作结束后，A制造单位无损检测人员未严格按照规范进行探伤检查，导致局部缺陷漏检。

三、原因分析

（1）某抽水蓄能电站1号机座环蜗壳在A制造单位组焊时，局部存在坡口间隙超标现象，A制造单位焊接人员对其进行补偿焊接时，操作不当，保护气体效果不好，从而产生了气孔。

（2）某抽水蓄能电站1号机座环蜗壳在A制造单位无损检测时，疏于操作，造成局部缺陷探伤检查时漏检，A制造单位现场质检流程管理不规范。

四、解决措施

（1）A制造单位针对施工现场1号机座环蜗壳出现的质量问题，应派遣专业技术人员至施工现场进行缺陷分析后提交项目单位整改方案，双方无异议后进行返厂消缺处理，直至厂内复检合格。

（2）项目单位委派第三方试验室对1号机座环蜗壳全部焊缝及坡口位置进行逐一检测，并对该抽水蓄能电站下同类座环蜗壳进行排查，组织召开缺陷专题会议。

（3）监造单位现场监造人员应严格按照无损检测标准对该抽水蓄能电站 1 号机座环蜗壳及同类座环蜗壳开展探伤见证，并提供全过程见证资料，若发现质量问题应立即下发工作联系单并停止现场制造工序，同时督促 A 制造单位及时进行问题整改，待问题解决后方可进入下道制造工序。

（4）项目单位分析认定责任方，依据合同条款进行相应违约或考核处理，并制定防范措施，杜绝此类质量问题再次发生。

五、结果评析

（1）制造单位应完善质量管理体系，建立激励问责机制，切实加强现场技术人员履职保障能力。

（2）监造人员应全面掌握开展监造工作所必备的专业知识、现行有关规范标准及采购合同中制造规定和要求，监造过程中要善于发现问题、及时制止、及时报告、及时督促制造单位进行问题处理，保证监造现场见证质量，满足产品制造要求。

（3）项目单位应加强与制造单位、监造单位沟通联系，并制定有力措施，强化合同履约现场执行力。

【巩固与提升】

1. 简述国网新源控股有限公司选择监造单位的方式。

2. 简述抽水蓄能供应商供货质量问题上报途径。

3. 项目单位通过指定邮箱报送的质监报告晚于每月 25 日截止日期，造成国网新源控股物资主管部门的质监月报没法统计数据，简述应对措施。

4. 报送方式不规范，简述应对措施。

5. 报送文件名称不规范，简述应对措施。

6. 报送的两张抽检的表格数据不符，简述应对措施。

7. 项目单位人员频繁更换、经办人责任心差；监理单位业务水平不高，导致质监报告数据错误太多，简述应对措施。

8. 报送数据不实，简述应对措施。

9. 首次报送单位，普遍存在问题较多，简述应对措施。

10. 项目单位抽检材料报送超过材料的范围，简述应对措施。

第六章 供应商关系管理

供应商关系管理是供应链管理体系中的重要一环，供应商关系管理与采购供应业务紧密联系、相辅相成，既是招标采购业务的前端保障，又为后期物资供应提供有力支持。供应商关系管理主要包括供应商服务、供应商资质业绩核实、供应商绩效评价、供应商不良行为处理、供应商分类分级管理和供应商关系管理案例分析六部分内容。

	学习目标
知识目标	1. 理解供应商资质业绩核实和供应商绩效评价的概念 2. 了解供应商不良行为的表现形式与危害 3. 了解供应商服务渠道与方式
技能目标	1. 能够在 ERP 供应商评估模块对供应商进行分类和评价 2. 了解供应商资质业绩核实的目的和工作流程 3. 能够识别供应商不良行为并收集报送 4. 正确应用供应商不良行为处理结果
素质目标	具有与供应商合作共赢的意识，能客观公正地对待供应商

第一节 供应商服务

供应商服务是建立供需双方沟通交流的重要渠道，本节主要介绍供应商服务含义、供应商服务内容与途径、供应商服务的作用三部分内容。

一、供应商服务相关概念

（一）供应商

供应商是指有意向参与项目投标应答、提供商品及相应服务的企业、机构或者个人，包括制造商、经销商、承包商及各类服务商。

（二）供应商服务定义

供应商服务是指为参与国网新源控股物力集约化管理工作的各类供应商（含服务商）提供物力集约化管理相关业务咨询与办理服务，发布业务信息和接收供应商合理化建议。

（三）供应商服务中心

供应商服务中心是国网新源控股成立的、提供供应商服务的专业机构，是连接项目单位与供应商的重要桥梁，秉承"真诚沟通，和谐共赢"的服务理念，建立双向沟通机制，畅通供需双方信息传递渠道，为供应商提供高效服务。

二、供应商服务内容与途径

（一）供应商服务内容

供应商服务内容包括以下几个方面：供应商信息变更，招标（采购）文件获取，澄清［包括招标（采购）文件澄清和投标（应答）文件澄清］，投标应答咨询，供应商不良行为咨询，投标样品接收与退回，代理服务费咨询，发票咨询与发放，投标保证金咨询，编写供应商服务指南，资质业绩核实咨询及其他咨询。

（二）供应商服务途径

供应商服务途径包含以下几类：供应商服务大厅现场、ECP、供应商服务热线、国网新源供应商服务微信公众号、电子邮箱、线上培训会、快递邮件、供应商交流会。

三、供应商服务的作用

（一）"一站式服务"提升招标成功率

供应商服务中心为供应商宣贯国网新源控股招投标管理规定，提供招投标问题答疑，培训投标文件编制注意事项，提高供应商投标积极性，提升招标成功率。

（二）注重宣贯强化廉政风险防控

供应商服务中心向供应商宣贯物资管理廉洁规定，宣讲供应商不良行为处理措施和处理流程，接受合理化建议，强化廉政风险防控，促进招标采购工作提质增效。

（三）开通热线发挥紧急联系作用

供应商服务热线作为物资公司公开的联系渠道，既接收供应商电话，又接收项目单位电话，并积极联系互通，发挥紧急联系作用。

（四）优化为供应商提供服务的形式

建立国网新源供应商服务微信公众号，在其服务指南模块，布设供应商注册、供应商信息变更、投标（应答）流程、供应商资质业绩核实、绩效评价等内容，指导供应商线上学习。

第二节 供应商资质业绩核实

供应商资质业绩核实（简称"核实"）是加强供应商质量管理的重要措施，通过核实可以防范供应商后期履约风险，构建供应商信息数据库，减轻评标环节工作量，降低供应商投标工作强度，促进供应商提升和完善自身管理水平。本节主要包括供应商资质业绩核实概述、核实内容、核实方式和核实流程四部分内容。

一、供应商资质业绩核实概述

（一）供应商资质业绩核实概念

供应商资质业绩核实是对参与国网新源控股集中采购的供应商的资质、业绩等信息进行审查核实的活动，经核实确认的供应商信息作为招标采购工作的重要参考依据，但核实并非参与投标的前置必备条件，未参加核实的供应商仍可正常参与招投标活动。

（二）供应商资质业绩核实规范

供应商资质业绩核实规范（简称"核实规范"）是开展核实工作的依据。核实规范的编制依据相关产品或服务的现行法律法规、国家标准、行业标准、企业技术标准、采购标准或采购技术规范书等标准化文件。

核实规范经国网新源控股招投标工作领导小组批准，在ECP公开发布后，应用于核实工作。

二、供应商资质业绩核实内容

供应商资质业绩核实内容包括供应商基本信息、财务信息、企业资质证书、人员资格证书、业绩等。

（一）基本信息

基本信息包括企业名称、统一社会信用代码、类型、地址、法定代表人、注册资本、成立日期、营业期限、营业范围等信息。

供应商提供营业执照证明基本信息的真实性、准确性。

（二）财务信息

财务信息包括注册资本金、资产负债率、流动比率、速动比率、利润率、净资产收益率、股东出资比率等信息。

供应商提供经审计的财务报表证明财务信息的真实性、准确性。

（三）企业资质证书

企业资质证书包括证书名称、编号、资质级别、发证机关、发证日期、有效期等信息。

供应商提供企业资质证书证明企业拥有的资质情况。

（四）人员资格证书（服务类）

人员资格证书包括人员名称、身份证号、资格证书号、资格级别、发证机关、有效期等信息。

供应商提供人员的资质证书和缴纳社保证明资料，证明人员所在单位及其拥有的资格证书。

（五）供货业绩

供货业绩包括合同编号、合同名称、合同金额、甲方及甲方联系人、签订日期、投运日期、产品型号、供货数量等信息。

供应商提供合同关键页和发票证明供货业绩的真实性、准确性。

（六）服务业绩

服务业绩包括合同编号、合同名称、合同金额、甲方及甲方联系人、签订日期、服务（含施工）开始日期、服务结束日期，服务类型、规模等信息。

供应商提供合同关键页和发票证明服务业绩的真实性、准确性。

三、供应商资质业绩核实方式

供应商资质业绩核实方式包括文件核实和现场核实。

文件核实是对所有申请核实的供应商进行资质业绩的核查（"体检"），侧重供应商填报信息与文件支撑材料的一致性。

现场核实是到供应商生产所在地对供应商生产实际情况及生产能力进行核实确认，主要包括工艺技术水平、生产装备、试验装备、质量管理水平、原材料组部件管理情况、售后服务、产品产能等信息。

四、供应商资质业绩核实流程

（一）发布公告

物资公司在 ECP 发布核实公告，包括供应商参与核实工作报名时间、核实类别、核实内容及要求、核实时间安排、咨询电话、核实结果反馈方式等信息。

（二）供应商报名

供应商报名即申请参加核实活动。供应商在 ECP 下载资质填报工具，通过核实申请管理模块在 ECP 提交核实申请。供应商根据核实公告要求准备核实资料，所有资料应为原件扫描件。

（三）组建机构

1. 组建核实委员会

核实委员会由国网新源控股物资部门组建，成员包括国网新源控股物资部门核实工作负责人、物资公司核实工作负责人以及熟悉物资招投标、物资督察等相关专业人员等。

2. 成立核实专家组

物资公司从核实专家库中随机抽取专家，随机抽取的专家人数应占总人数的 2/3 以上。核实专家组包括商务小组和若干技术小组。技术小组按照专业类别或实际需求分别组建，原则上每小组由 3 人及以上单数专家组成。

根据实际工作情况，确需推荐专家参与核实的，须填写专家推荐表，履行相应审批程序。

（四）开展核实

1. 启动会

物资公司组织召开核实启动会，介绍核实工作内容及原则，物资督察人员宣贯工作纪律。

2. 专家核实

核实专家依据各采购类别的核实规范，核实供应商填报的信息，比对原件或上传 ECP 的正本扫描件，核实供应商的营业执照、审计报告、供货合同及对应的发票、试验报告、企业资质证书、人员资格证书等信息。

3. 组长确认

专家将核实中的疑问汇报给组长，组长确认是否通过核实。

4. 澄清

核实过程中专家发现问题需要供应商澄清的，专家填写核实澄清单，经组长、核实委员会主任或副主任签字确认后向供应商发出澄清单。

5. 组长汇报

完成所有供应商信息核实后，组长汇总本组核实情况，向核实委员会汇报。

（五）核实信息公示

物资公司组织对通过核实的供应商信息在 ECP 进行公示，公示期不少于 3 天。

公示期物资公司接受供应商的咨询、质疑和投诉。若在公示期发现并核实供应商提供虚假信息，直接认定为不满足核实要求，并按照供应商不良行为进行处理（详见本章第四节）。

（六）核实结果审批

物资公司协助核实委员会形成供应商资质业绩核实情况报告。核实委员会将核实成果、现场监督情况向招投标领导小组汇报，招投标领导小组审批核实结果。

（七）结果反馈

物资公司将通过审批的核实结果通过 ECP 反馈给供应商，未通过核实的信息也需告知供应商。

（八）结果应用

国网新源控股物资部门将核实结果应用于招标采购工作。核实结果为后续采购策略制定、调整提供参考。

第三节　供应商绩效评价

供应商绩效评价是供应商关系管理的重要内容，供应商绩效评价结果应用于招标采购工作，对促进供应商提升产品和服务质量具有重要意义。本节包括供应商绩效评价概述、供应商绩效评价标准、供应商绩效评价内容、供应商绩效评价流程四部分内容。

一、供应商绩效评价概述

（一）供应商绩效评价的概念

供应商绩效评价是对供应商的资质能力、产品质量、合同履约、售后服务和运行质量等综合情况进行全面、客观、准确地综合评价的活动，评价结果在招标采购活动中应用。

（二）供应商绩效评价的目的

1. 建立采购使用闭环反馈机制

实施集中采购后，招标（采购）代理机构缺少对采购结果履约情况的掌控，采购与使用相分离，中间缺少沟通。因此，供应商绩效评价，作为一种信息反馈机制，承担起采购和履约两个环节的中间纽带作用。评价结果直接应用于招标采购之中，强化基层单位评价意见与招标采购联动，充分发挥项目单位的"话语权"。

2. 掌握全寿命周期供应商绩效信息

物资管理部门负责招标采购环节，而物资使用部门在设备使用过程中需要更多地掌握供应商质量、履约、服务等问题信息，因此，需要建立与专业主管部门的横向协同机制，全面收集设备在制造、验收、安装、调试、运行和报废各阶段的供应商信息，客观反映供应商全寿命周期的产品质量和服务水平。

3. 促进供应商提升质量和服务

供应商绩效评价是基层物资需求部门对供应商产品质量、物资供应、售后服务情况的反馈。通过收集最终用户的反馈，将反馈应用于招标采购环节，转变供应商"重投标、轻履约"的思想，促进供应商提升产品质量和服务水平。ECP 供应商绩效评价模块开通后，通过 ECP 将评价信息反馈给供应商，更加有效促进供应商产品质量和服务水平的提升。

（三）供应商绩效评价的原则

供应商绩效评价按照"谁使用谁评价，谁主管谁负责"的原则开展。

二、供应商绩效评价标准

供应商绩效评价标准是为了保证供应商绩效评价有据可依、客观公正而制定的。供应商绩效评价标准规范评价行为、细化不同种类供应商绩效评价维度，明确供应商绩效评价内容、规则和评价方法。评价标准的制定遵循"公平、公正、客观"的原则。评价标准在 ECP 公开发布后使用。

评价标准有物资类供应商绩效评价标准和服务类供应商绩效评价标准。国网新源控股最新的供应商绩效评价标准包括 2 个物资类评价标准和 10 个服务类评价标准，见表6-3-1。

表 6-3-1　　　　　　　　　国网新源控股供应商绩效专业评价标准

序号	类型	名称
1	物资类	物资贸易型供应商绩效评价标准
2		物资生产型供应商绩效评价标准
3	服务类	水电工程施工承包商绩效评价标准
4		水电工程 EPC 总承包商绩效评价标准
5		水电工程第三方试验室承包商绩效评价标准
6		水电工程安全监测承包商绩效评价标准
7		水电工程预可研和可研阶段设计承包商绩效评价标准
8		水电工程招标和施工图设计承包商绩效评价标准
9		水电工程监理承包商绩效评价标准
10		小型施工类承包商绩效评价标准
11		生产服务类供应商绩效评价标准
12		一般服务类供应商绩效评价标准

随着精细化管理水平的提高以及现代智慧供应链建设带来的信息化水平的提高，供应商绩效评价细度逐步向招标采购类别分类方向发展，并且作为各环节数据贯通的分类基础。

三、供应商绩效评价内容

（一）物资类供应商绩效评价内容

物资类供应商绩效评价由合同履约和运行绩效构成。

1. 物资生产型供应商

生产型供应商绩效评价包括生产制造、物资供应、安装服务、运行服务、运行质量 5 部分，前 3 项属于合同履约评价，后 2 项属于运行绩效评价。

（1）生产制造。生产制造主要考核供应商的制造过程质量、出厂设备质量。

（2）物资供应。物资供应主要考核供应商的供货及时性，供应商服务质量。

（3）安装服务。安装服务主要考核供应商的技术支持及时性、运行服务配合度。

（4）运行服务。运行服务主要考核供应商的技术支持及时性、运行服务配合度。

（5）运行质量。运行质量主要考核供应商关键组部件质量、主要性能指标、故障率等。

2. 物资贸易型供应商

贸易型供应商绩效评价内容包括物资供应和安装服务两部分。

（二）服务类供应商绩效评价内容

服务类供应商绩效评价的内容，根据供应商类别的不同，评价内容也不同。

1．水电工程施工承包商

水电工程施工承包商的评价内容包括安全管理、质量管理、进度管理、技术管理、技经管理和综合管理。

2．水电工程ECP总承包商

水电工程ECP总承包商的评价内容包括设计、采购、安全文明施工、质量进度、技术及经济、综合管理。

3．第三方试验室及工程安全监测承包商

第三方试验室及工程安全监测承包商的评价内容包括第三方试验室及工程安全监测工程安全管理、质量管理、计划管理、其他管理以及综合评价。

4．工程勘察设计承包商

工程勘察设计包括可研（预可研）设计和招标与施工图设计。可研（预可研）设计的承包商评价内容包括安全、质量、进度、技术、综合管理及加分项。招标与施工图设计的承包商评价内容包括招标设计工作和施工图设计工作。

5．监理承包商

监理承包商的评价内容包括组织及制度体系建设、安全与施工环保水保监督、质量控制、进度控制、合同管理、信息管理、工程协同、典型事件和事例。

6．小型施工承包商

小型施工承包商的评价内容包括工程施工质量和全寿命周期综合。工程施工质量主要考核工程的安全管理、质量管理、人员管理、计划管理、其他管理。

7．服务类供应商

服务类供应商的评价内容包括服务质量和全寿命周期综合评价。其中服务质量包括安全管理、质量管理、人员管理、计划管理、其他管理。

四、供应商绩效评价流程

国网新源控股供应商绩效评价流程如图6-3-1所示，具体如下：

（一）通知

国网新源控股物资部门发布各专业主管部门、项目单位开展年度或年中供应商绩效评价及结果收集工作通知，通知中明确供应商评价范围、评价时间以及工作要求等内容。

（二）评价

国网新源控股各项目单位按照通知要求，组织物资需求部门、物资管理部门在ERP供应商评估模块对供应商进行评价。评价结果经项目单位专业归口部门负责人审核、分管领导审批后，上传至国网新源控股对应专业主管部门。

（三）审核

国网新源控股各专业主管部门按照管理职责分工，审核各项目单位报送的评价结果，对于评价结果与实际情况不符的，退回原项目单位重新评价，或在ERP中对评价得分进行修正，修正比例不超过评价总分的±10％。

（四）汇总分析

国网新源控股物资公司负责汇总各专业主管部门审批后的供应商绩效评价结果，按供应商类别对评价结果进行分析并形成评价报告，评价报告提交国网新源控股物资部门。

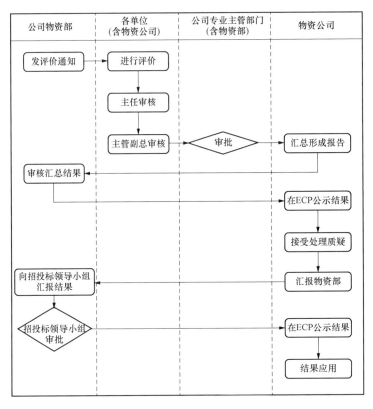

图 6 - 3 - 1　供应商绩效评价流程图

（五）公示

国网新源控股物资公司将评价结果在 ECP 供应商管理模块中进行公示，公示期不少于 5 日。公示期间物资公司负责受理供应商对评价的咨询、质疑和投诉。

（六）审批

国网新源控股物资部门向招投标工作领导小组汇报经公示后的供应商绩效评价结果，招投标工作领导小组对评价结果进行审议。

（七）应用

经招投标工作领导小组审议通过的供应商绩效评价结果，应用于国网新源控股集中招标采购中。

按照供应商绩效评价得分，将供应商分为优秀、良好、一般、及格和不及格五个等级。供应商绩效评价等级见表 6 - 3 - 2。

表 6 - 3 - 2　　　　　　　　　　　　供应商绩效评价等级

序号	供应商等级	评价得分	序号	供应商等级	评价得分
1	优秀（A）	A≥90 分	4	及格（E）	60≤D＜70 分
2	良好（B）	80≤B＜90 分	5	不及格（E）	E＜60 分
3	一般（C）	70≤C＜80 分			

相同级别在评标评审时得分相同；不同级别，按级别高低，在评标评审时的得分递减。

第四节　供应商不良行为处理

供应商不良行为处理是建立在尊重客观事实的基础上，充分收集、核实供应商的重大质量问题及诚信、交货、工程、服务方面的问题，对供应商进行黑名单或暂停中标资格处理的工作，约束供应商行为。本节包括供应商不良行为概述、供应商不良行为信息收集与报送、供应商不良行为的核实、供应商不良行为通报发布与结果应用和供应商不良行为整改与处理解除五部分内容。

一、供应商不良行为概述

（一）供应商不良行为的概念

供应商不良行为是指在物资管理活动中，供应商提供的物资、承包的工程等在全寿命周期内发生的质量问题，以及供应商在参与资质能力信息核实、招标采购活动以及在合同履约过程中，在诚信、交货、工程、服务等方面存在的问题。

（二）供应商不良行为的危害

1. 损害招标人利益

供应商通过串标、围标、恶意压价和抬高报价等手段谋取中标，在报价上对其他投标方进行打压，垄断价格形成后，将大大超过正常价格水平，损害招标人利益。

2. 损害其他投标人合法权益

供应商不良行为违背公平竞争的初衷，使技术、质量、信誉好的投标人在竞争中落败，损害其他投标人的合法权益。

3. 影响工程质量和安全运行

供应商在产品供货和工程施工中偷工减料、以次充好、拖延供货，造成工期紧张，影响工程质量和安全运行。

4. 助长不良风气的蔓延

供应商不良行为是贪婪驱动下利益博弈的过程，败坏了社会风气，腐蚀了行业道德，破坏了信用体系建设，助长了不良风气的蔓延。

（三）供应商不良行为的主要表现

供应商不良行为主要表现在诚信、质量、交货、工程、服务五个方面。

1. 诚信方面

向招标人或评标委员会成员行贿，或通过非法中介机构或人员采取不正当手段谋取中标的行为；捏造事实或者提供虚假投诉材料，诋毁、排挤其他供应商进行恶意投诉的行为；在经营活动中发生重大违法行为；在投标过程中相互串通投标或者与招标人串通投标的行为；在参与招标采购活动中存在提供虚假信息或证明文件等弄虚作假的行为；拒绝履行合同义务或不按合同约定履行、擅自变更或者终止合同的行为；无正当理由，不按招投标（采购）文件签订合同的行为；违规转包、分包情节特别严重的行为等；供应商故意修改招标（采购）文件明确列明的技术参数并进行响应的行为；供应商资质业绩信息发生实质性变化未及时做出说明，对中标结果公平性造成影响的行为；供应商未按合同约定或违反投标（应答）文件承诺，擅自更换原材料、组部件等行为。

2. 质量方面

因供应商原因造成八级及以上人身、电网、设备事件或信息系统事件；因供应商产品质量或者质量问题给电网建设、生产运营、优质服务或企业形象造成不良影响的行为；生产过程中未严格按照质量体系文件、合同技术条件进行质量工艺控制等行为；产品投运十年（不含）以上至产品寿命以内因产品质量原因造成强迫停运的情况；供应商产品经业主单位检测不合格；因供应商原因导致七级及以上安全事件或质量事件。

3. 交货方面

因供应商原因延期交货或项目里程碑延期，被业主单位投诉的情况，或对工程建设造成重大影响的行为。

4. 工程、服务方面

施工安装调试现场供应商服务人员到位不及时、技术指导不到位、售后服务不到位、服务质量不良被业主单位投诉等行为；供应商不积极配合电网反事故措施整改或信息安全隐患整改，并且情节严重的行为；因供应商责任造成六级及以上突发环境事件的行为；供应商负主要责任的重大及以上交通事故的行为；因供应商原因未按照合同约定或里程碑计划完成相关设计、交付图纸、开工、投产等工作，延误超过 30 天的行为；供应商无正当理由不参加设计联络会、施工图会检、工程协调会等会议的行为；因供应商责任造成 200 万元以上经济损失的行为；供应商拒绝业主单位监督检查，或者提供虚假信息逃避监督的行为；因供应商原因导致合同终止，且严重影响工程建设进度或电网安全运行的行为；供应商伪造虚假图纸或工程量，或参与伪造虚假工程量骗取工程款的行为。

（四）供应商不良行为的处理方式

供应商不良行为的处理方式包括暂停中标资格和列入黑名单两种。

1. 暂停中标资格

暂停中标资格是指在一定期限内，在部分种类的货物、工程、服务招标采购中停止供应商的中标资格。暂停中标资格处罚期限分别为 6 个月和 12 个月。

2. 列入黑名单

列入黑名单是指永久或在一定期限内，在所有货物、工程、服务招标采购中停止供应商的中标资格。列入黑名单处罚期限分别为 1 年、2 年、3 年、永久。

二、供应商不良行为信息收集与报送

供应商不良行为信息收集遵循"谁发现、谁收集"的原则，信息收集单位（部门）汇总整理供应商不良行为相关资料报送至国网新源控股物资公司供应商服务中心。对涉及重大质量进度问题、严重违约情况等供应商特别严重不良行为，各信息收集单位（部门）应在 48 小时内将有关信息反馈给国网新源控股物资部门和（或）项目主管部门。

（一）供应商不良行为信息收集的范围

供应商不良行为具体表现的基本材料，包含串标表现材料、虚假投标证明材料、合同违约处理（或合同解除）材料、质量检测报告、事故调查报告、专业部门出具的安全质量事件或家族性缺陷认定文件、项目单位与供应商往来函件和供应商联系方式等，涉及行贿行为的，需提供法院判决书。

（二）供应商不良行为信息报送

信息收集单位（部门）报送供应商不良行为信息时，需填报供应商不良行为提报建议单和供应商不良行为登记表。供应商不良行为提报建议单根据反映问题类型不同分为4种样式，见表6-4-1～表6-4-4。供应商不良行为登记表见表6-4-5。

表6-4-1　　　　　　　供应商不良行为提报建议单（问题类型：诚信）

供应商名称	霸天虎有限公司
问题描述	（1）霸天虎有限公司是××抽水蓄能有限公司2022年商务车购置（采购编号：46AB01－1504000－W001）的成交候选人。 （2）2022年6月6日发出该项目成交通知书，6月10日××抽水蓄能有限公司组织合同谈判，合同谈判过程中，霸天虎有限公司声称只能开具税率1%的服务发票，否则不签合同，而应答文件已写明税率是13%，导致合同未能签订。经核实国家相关税法，一般纳税人货物税率为13%。××抽水蓄能有限公司6月26日发函霸天虎有限公司，要求霸天虎有限公司在成交通知书要求时间内签订合同。霸天虎有限公司6月27日回函，称其只能开具税率1%的服务发票，要求放弃该项目，不再签订合同。 （3）经咨询南昌市青山湖区税务局，成交人可以去税务局办理开具机动车销售发票的相关手续。但成交人出于其单方原因，不同意办理上述手续，并提出放弃成交结果。 （4）依据《细则》第二十六条第二款"供应商无正当理由，不按招投标文件签订合同的，给予列入黑名单2年的处理"之规定，建议予以列入黑名单2年处理

联系人：周某　　　　　　　　　　　　联系电话：13500010001

××抽水蓄能有限公司计划物资部（盖章）

表6-4-2　　　　　　　供应商不良行为提报建议单（问题类型：履约）

供应商名称	东方岩土工程测勘有限公司
问题描述	（1）××抽水蓄能有限公司岩芯整编服务是国网新源控股有限公司2021年第一批招标项目，根据中标通知书，2020年5月19日，国网新源控股第一公司与东方岩土工程测勘有限公司签订国网新源控股第一公司岩芯整编服务合同。 （2）2020年8月19日和2021年8月24日东方岩土工程测勘有限公司安排人员抵达××抽水蓄能有限公司，查看现场后拒绝与国网新源控股第一公司进一步沟通。为不耽误岩芯整编进度，国网新源控股第一公司于2020年11月19日向东方岩土工程测勘有限公司送达了《关于要求东方岩土工程测勘有限公司进场开展工作的函》，2021年5月8日，东方岩土工程测勘有限公司岩芯项目负责人及技术人员来国网新源控股第一公司进一步协商后续工作，东方岩土工程测勘有限公司承诺继续履行岩芯整编服务合同，但2021年10月12日东北岩土工程勘察总公司仍未实质性进场开展合同规定的工作内容，此时距离合同开工日期滞后17个月，严重影响××抽水蓄能有限公司既定的档案专项验收工作和既定的枢纽竣工验收工作。2021年10月21日发出《××抽水蓄能有限公司关于解除国网新源控股第一公司岩芯整编技术服务合同的函》。 （3）东方岩土工程测勘有限公司对承担该项目的准备不足，无法按照合同正常履约。 （4）依据《细则》第二十六条第三款"供应商无正当理由不履行合同义务，导致合同终止的；给予列入黑名单2年的处理"之规定，建议予以列入黑名单2年处理

联系人：周某　　　　　　　　　　　　联系电话：13500010001

××抽水蓄能有限公司工程部（盖章）

表6-4-3 供应商不良行为提报建议单（问题类型：质量）

供应商名称	供应商全称
问题描述	（1）该供应商提供××公司××工程的（电压等级）××设备，投运日期（如有），质保期到期日（如有）。 （2）描述质量类不良行为的发生时间和原因分析。（包括设备类型、设备电压等级、合同数量、到货时间、发现问题的时间、涉及设备数量、检测结果、质量问题的相关参数要求值和实测值等）。 （3）××××年×月×日，描述安全质量事件发生的过程、产生影响及原因分析。（本条仅适用于安全质量事件，包括时间、地点、设备故障部位、原因分析、造成的影响等，截至提报之日故障处理情况等其他需要说明的情况）。 （4）质量检测报告结论或相关部门的认定结论。（附质量检测报告、专业部门出具的安全质量事件或家族性缺陷认定文件）。 （5）依据《细则》第×条第×款"×××"应处以×××的处理

联系人：张某　　　　　　　　　　联系电话：13500010001
　　　　　　　　　　　　　　　　××公司××部（盖章）

表6-4-4 供应商不良行为提报建议单（问题类型：其他）

供应商名称	供应商全称
问题描述	（1）该供应商提供××电力公司××工程的（电压等级）××设备，投运日期（如有）：××××年×月×日，质保到期日（如有）：××××年×月×日。 （2）××××年×月×日，描述不良行为的发生过程、原因分析和产生影响。 （3）专业管理部门对不良行为认定的意见。 （4）依据《细则》第×条第×款"×××"应处以×××的处理

联系人：吴某　　　　　　　　　　联系电话：13500010001
　　　　　　　　　　　　　　　　××公司××部（盖章）

表6-4-5 供应商不良行为登记表

序号	填报单位	供应商主数据编码	供应商	物资大类	物资中类	物资小类	物资电压等级（kV）	主要问题描述	不良行为类型	发现问题时间（抽检为检测报告出具时间，故障为故障发生时间）
1	国网新源控股第一公司	在电子商务平台中查询（必填）	东方电力设备有限公司	装置性材料	导、地线	架空绝缘导线	10kV	××公司在××××年×月发现××问题。抽检写明哪里组织抽检，本次处理是因几次几级问题	质量	2022年1月6日

三、供应商不良行为的核实

国网新源控股物资公司收到供应商不良行为信息后，组织有关单位进行核实，核实方式包括告知和约谈，核实方法包括邮件、电话、视频或现场核实，国网新源控股物资部门、项目主管部门视情况参与。

（一）告知

收到供应商不良行为信息后，国网新源控股供应商服务中心负责发函告知供应商存在的不良行为，以及由此可能带来的处罚结果，并要求供应商给予回应，同时也告知供应商可受理其异议及有关佐证材料。

（二）约谈

根据供应商诉求或异议情况，国网新源控股供应商服务中心组织召开供应商约谈会议，由相关项目单位、法律顾问、供应商授权代表参加；国网新源控股物资部门、项目主管部门视情况派人参会。

约谈会议形成约谈记录表，记录约谈情况或核实事项，参会人员需签字，见表 6-4-6。

表 6-4-6　　　　　　　　　　　　约谈记录表

供应商名称	大平洋设计有限公司	约谈时间	2022 年 6 月 5 日
省公司参会人员	张一 物资部 13501010000		
供应商参会人员	黄三 销售经理 13503170000		
约谈内容	一、约谈事项 大平洋设计有限公司在参与国网新源控股有限公司 2022 年第一次招标采购第一抽水蓄能电站土地勘测定界报告编制服务项目（招标编号：462212-9004001-F000）中，与另一家投标人投标文件财务报表完全一致；另有技术文件中工作进度、进度汇报、工期保证存在描述完全一致的部分。为《中华人民共和国招标投标法实施条例》第四十条视为串通投标的情形。予以约谈核实。 二、原因分析及责任认定 原因分析：略。 责任认定：经核实，大平洋设计有限公司与另一家公司存在相互串标		

供应商授权代表（签字）：赵某

无论供应商是否参与约谈，或参加约谈是否签字，均应在处理依据充分的前提下，按照供应商不良行为处理管理规定执行。

四、供应商不良行为通报发布与结果应用

（一）通报发布

经核实属实的供应商不良行为，国网新源控股物资部门拟写处理建议，报招投标工作领导小组审议，审议通过后，发布通报文件。

国网新源控股供应商服务中心根据通报文件，制作《国网新源控股有限公司关于供应商不良行为处理的通报》，并在 ECP 发布。

（二）结果应用

供应商不良行为处理措施在有效期内的，国网新源控股及所属单位监控"不予授标"、加强履约过程管控。

五、供应商不良行为整改与处理解除

（一）供应商整改

供应商应对其不良行为积极整改，分析原因，制定措施，完成整改后要编写供应商不良行为整改报告，诚信类不良行为要出具承诺书。

供应商不良行为处理不代替合同违约责任条款。

（二）递交整改材料

供应商完成整改后，将整改材料（一般包括整改报告、承诺书以及其他证明材料）发送至处理通报发布机构。

（三）处理解除

处理通报发布机构接收到供应商的整改材料后，组织有关单位或专家组对整改情况进行验收，出具验收报告，验收通过的解除处罚措施；验收未通过的，继续处罚或延长处理期限。

第五节　供应商分类分级管理

为了全方位收集供应商信息，将供应商分级分类管理贯穿于供应商管理全过程中，开展大数据分析，建立全息多维综合评价体系，促进供应商不断提升产品质量和服务水平。本节主要包括供应商分类和供应商分级两部分内容。

一、供应商分类

（一）按照采购标的类别分类

按照采购标的类别不同，供应商被分为物资类供应商和服务类供应商。物资类供应商是指为采购方或用户提供货物、材料的供应商。服务类供应商是指提供知识资源和人力资源的供应商，这种服务是以运用专业知识和提供有价值劳动为特征的。

服务类供应商中有一种特殊的供应商，其为采购方或用户提供工程总承包、工程施工和专业分包。工程总承包包括工程项目的设计、采购、施工、竣工、试验、试运行等全过程承包或若干阶段的工程承包。工程施工包括工程项目的建设施工、设备安装、设备调试、工程保修等工作内容。专业分包是针对专业工程分包建设任务。这种类型的供应商称为工程承包商。国家电网有限公司在采购阶段，将工程承包商并入服务类供应商进行管理。

（二）按照采购主体分类

基于国家电网有限公司二级集中采购管理方式，按照采购主体将供应商分为总部集中采购供应商和新源集中采购供应商。

1. 总部集中采购供应商

总部集中采购供应商根据国网（一级）采购目录，按采购类别将供应商分为9类物资供应商和7类水电施工供应商。

（1）物资类供应商包括辅助设备类供应商、闸门供应商、拦污栅供应商、材料类供应商、仪器仪表类供应商、卷扬启闭机供应商、液压启闭机供应商、机组设备供应商、其他物资类供应商。

（2）服务（施工）类供应商包括水电工程施工供应商、水电工程EPC总承包商、水电工程第三方试验室承包商、水电工程安全监测承包商、水电工程预可研和可研阶段设计承包商、水电工程招标和施工图设计承包商、水电工程监理承包商。

2. 新源集中采购供应商

新源集中采购供应商根据新源（二级）采购目录，按采购类别将供应商分为2类物资供应商和 10 类服务类供应商。

（1）物资类分为物资贸易型供应商和物资生产型供应商。

（2）服务类分为水电工程施工承包商、水电工程 EPC 总承包商、水电工程第三方试验室承包商、水电工程安全监测承包商、水电工程预可研和可研阶段设计承包商、水电工程招标和施工图设计承包商、水电工程监理承包商、小型施工类承包商、生产服务类供应商、一般服务类供应商。

（三）按照主数据平台（MDM）中对供应商主数据分类

（1）供应商按申请类型分为公司制法人单位、非公司制法人单位、个人和其他四类。

（2）供应商按系统内外分为内部供应商和外部供应商，这里的系统是指国网系统。

（3）供应商按公司类型分为合伙企业、集体所有制、个体工商户、有限责任公司（法人独资）、有限责任公司（自然人投资或控股）、有限责任公司分公司、股份有限公司（非上市、自然人投资或控股）、其他股份有限公司（非上市）、事业单位、社会团体、农民专业合作社、民办非企业单位、律师事务所、全面所有制、特殊的普通合伙企业和其他，共十六类。

（四）按照采购管控策略分类

国家电网有限公司在供应链运营中心（ESC）建立电网物资分类模型，从物资的经济价值维度、业务价值维度、生产周期维度、合作供应商的数量维度对供应商进行分类，并区分不同类别供应商的物资价值和供货风险。通过物资分类模型，将物资分为核心物资（高价值高风险）、杠杆物资（高价值低风险）、瓶颈物资（低价值高风险）和普通物资（低价值低风险）。根据物资分类和特点制定管控策略，详见表 6 - 5 - 1。

表 6 - 5 - 1　　　　　　　　　不同物资类别的特点与管控策略

序号	物资类别	特点	管控策略
1	核心物资	高价值高风险	侧重管控物资的质量和成本
2	杠杆物资	高价值低风险	
3	瓶颈物资	低价值高风险	侧重管控物资的供货风险
4	普通物资	低价值低风险	

二、供应商分级

根据供应商评价结果对供应商实施分级管理。评价得分≥90 分的为 A 级供应商，80≤评价得分＜90 分的为 B 级供应商，70≤评价得分＜80 的为 C 级供应商，60≤评价得分＜70 分的为 D 级供应商，评价得分＜60 分的为 E 级供应商。

在集中招标评标时，对不同等级的供应商进行区别评分。评价情况一般设置在技术打分表中，根据不同项目设置 10～20 分的权重，评级为 A 的供应商此项可得满分。

基于 ECP 供应商评价模块和全息多维评价指标体系，供应商根据综合得分、供应商群体特征和市场竞争度等因素被分为不同等级。

第六节　供应商关系管理案例分析

本节为供应商关系管理过程中常见问题案例分析。

【案例】 供应商放弃签订合同的不良行为处理

一、背景描述

某抽水蓄能电站上水库检修事故闸门备用应急电源设备购置及安装项目，中标单位为 A 机电设备科技有限公司（简称"A 公司"），中标通知书发布日期为 2021 年 4 月 18 日。项目单位于 2021 年 4 月 28 日与 A 公司举行合同谈判，按程序将合同邮寄给 A 公司进行合同签署。A 公司收到合同后，迟迟不肯签署合同。

在 2021 年 6 月 1 日，A 公司向项目单位发出传真，提出"在准备进行执行合同，参数确认过程中，发现采购价格远远高于合同成交价格"，因此"决定放弃此次合同的签订"。

该公司未按中标通知书要求，在 30 天内与项目单位签订合同，后续未签订、执行合同。

二、存在问题

问题 1：A 公司未按照《中华人民共和国招标投标法》的规定，自中标通知书发出之日起三十日内，按照招标文件和中标人的投标文件订立书面合同。

问题 2：A 公司因中标项目内标的物进货价格远远高于合同成交价格，放弃并拒绝签订合同，影响甲抽水蓄能公司项目执行。

三、原因分析

（1）A 公司在本项目投标准备阶段，未对标的物做好充分的市场调研，导致投标价格远低于市场价，中标后若执行合同将造成一定程度的亏损，故放弃签订合同。

（2）中标人 A 公司在利益的驱动下发生违背诚信原则的行为，应承担缔约过失的责任。

四、解决措施

（1）招标人不予退还 A 公司缴纳的投标保证金。

（2）按国网新源控股供应商不良行为处理管理要求，供应商无正当理由，不按招投标文件签订合同，给予列入黑名单 2 年的处理。

五、结果评析

此案例是招标采购工作中较为常见的问题，部分投标人为了能够在激烈的市场竞争中获胜，经常采取低价投标的手段获得中标的机会，而在缺乏足够充分的市场调研的情况下，容易出现中标后发现标的物采购成本远高于预期而无法执行合同的情况。对于此类投标人，应严格按照供应商不良行为处理管理规定，对存在不良行为的投标人及时采取处理措施、促进供应商诚信经营，增强供应商服务意识，保证物资到货质量，为采购业务提供有力支撑。

【巩固与提升】

1. 简述国网新源控股开展供应商资质业绩核实的目的。
2. 简述供应商可以在 ECP 上查看的公示信息。

第七章　物资仓储管理

物资仓储管理对于保证物资供应、优化库存物资结构、降低无效库存和提高库存物资利用率具有十分重要的意义。通过学习本章内容，有利于仓储管理人员熟悉仓储管理基础知识，掌握仓储管理业务流程，规范开展仓储管理业务。本章主要包含物资仓储管理概述、仓库建设基本要求、仓储作业标准化、仓储安全管理和物资仓储管理案例分析五部分内容。

	学习目标
知识目标	1. 理解物资仓储管理基本概念 2. 理解仓库建设基本要求，掌握物资入库、保管保养、出库等各项业务流程和仓储安全管理知识
技能目标	能够线上进行物资收、发货和库存物资盘点及报废等操作，实现库存物资仓储管理信息系统管理
素质目标	提高仓储管理人员仓储管理的业务能力和责任心

第一节　物资仓储管理概述

理解物资仓储管理的基本概念，明晰仓储管理的工作任务，正确组建仓储管理组织机构，本节主要介绍仓储管理基本概念、仓储管理任务和仓储管理岗位配置要求三部分内容。

一、仓储管理基本概念

1. 物资仓储管理

物资仓储管理是对实体仓库、储备物资和仓库作业的管理，包括仓储规划建设（仓储网络、仓储信息化、仓储标准化）、库存物资管理（入库、出库、退库、保管保养、稽核盘点、报废等）和仓储安全管理等工作。

2. 结余物资

结余物资是指工程或项目物资由于实际用量少于采购量而产生的结余物资，包括项目因规划变更、项目取消、项目暂停、设计变化、需求计划不准等原因引起的结余物资。

3. 退役资产

退役资产是指因自身性能、技术、经济性等原因离开安装位置，退出运行的设备及其组部件和主要材料。

4. 应急物资

应急物资是指为防范恶劣自然灾害，保障安全生产所需要的应急抢修设备、材料、工器具、应急救灾物资和应急救灾装备等。

5. 事故备品备件

事故备品备件是指为确保生产设备安全可靠运行，事故后恢复运行所必须使用、采购且制造周期较长的备品或备件。

6. 常规备品备件

常规备品备件是指设备在正常运行情况下容易磨损，正常运行检修中需更换的备品或备件。

7. 仓储管理信息系统

仓储管理信息系统主要是指由企业管理信息系统（ERP）库存模块和智能仓储管理系统（WMS）组成的仓储业务信息系统。

8. 价值工厂

价值工厂是指在仓储管理信息系统（主要是 ERP）中进行供应、仓储等物料管理业务的场所，也是财务进行存货核算的最小组织单位。根据库存数量、价值情况可分为"有价值工厂"和"无价值工厂"；其中"有价值工厂"是在库存管理时既管库存数量，又管库存价值，"无价值工厂"是在库存管理时只管库存数量，不管库存价值。

二、仓储管理任务

仓储管理任务包含组建仓储管理机构、开展仓储作业活动和做好在库物资保管保养。做好仓库管理任务可提高仓储管理水平和员工素质，降低仓储运营成本，保障仓库安全运营。

三、仓储管理岗位配置要求

项目单位物资管理部门应配置仓储主管岗位、仓储安全员岗位、仓储信息员岗位、仓储管理员岗位和特种作业人员岗位，根据现有人员实际情况合理安排岗位（可兼任），其中特种作业人员应持证上岗。

第二节　仓库建设基本要求

仓库建设是仓储标准化建设的基础，是提高仓储作业效率、提升仓库精益化管理水平和推进仓储信息化的前提，本节主要介绍仓库建设的基本要求，包括仓库类型，仓库布局，仓库区域设置标准，仓库标识标牌，仓储设备选择与货架、货位管理。

一、仓库类型

仓库按构筑物类型包括恒温恒湿库、封闭库、棚库、露天堆场、特种仓库和附属用房等。其中特种仓库包括火工品、危险化学品仓库和危废仓库；附属用房包括办公室（值班室）、保安室（监控室）、资料档案室、休息室、卫生间、工具室和车辆库等。

恒温恒湿仓库用于储存对环境温湿度要求较高的物资和设备；室外料棚用于储存对环境温湿度要求低、体积大、临时存放或者不宜在封闭仓库内储存的物资和设备。

二、仓库布局

仓库布局是在一定区域或库区内，对仓库的数量、规模、地理位置和仓库设施、道路等要素进行的科学规划和总体设计。

仓库布局规划是根据仓库生产和管理的需要，对整个仓库所有设施按用途进行规划，确定生产、辅助生产和行政办公等场所的分布，确定仓储、作业、道路和门卫等区域的分布，并对各类设施和建筑进行区别，如仓库货场编号、道路命名和行政办公区识别等，使仓库的总体布局合理。

仓储库区用围墙或固定围栏隔离成单独区域管理，库区内设置排水系统和消防系统，保障库区防盗、防火、排水和防洪需求，库区车道应设计成环形路线，室外堆场周边应安装活动围栏或设置标识线。

仓库可按物资类型设置，如事故备品备件库、常规备品备件库和应急物资库等。

库房消防设备设施前需预留消防作业通道，地面设置警示标线，库内设置逃生通道，仓库的存储区、作业区及其他重要部位属消防安全重点部位，应当设置明显的防火标志牌。

三、仓库区域设置标准

仓储库区根据业务需要设置仓储区、作业区和办公区等配套区域。

（1）仓储区可分为普通（隔板式）货架区、托盘（横梁式、隔板式）货架区、悬臂式货架区、重力式货架区、自动货架区、移动式货架区和特种货架区（线缆盘货架）。存储物资较多的，可根据实际需要设置室外露天区，室外露天区应安装活动围栏或设置标识线。

（2）作业区可划分为装卸区、入库待检区（入库暂存区）、收货暂存区、不合格品暂存区、出库（配送）暂存区、代保管区和仓储设备区等。各类区域应安装活动围栏或设置标识线，并设置相关标识牌。

（3）办公区设置工作间，用于收发货业务单据受理及业务处理，配置计算机、打印机、内网网络、手持终端（Personal Digtal Assistant，PDA）等设备以及必要的办公设备、人员安全物品和信息系统。

四、仓库标识标牌

仓库标识标牌的规范化建设体现了企业形象和文化，承载着企业的管理特色。仓库标识标牌包括引导定位标识、安全警示标识、文字说明标识三类。

1. 引导定位标识

引导定位标识主要包括仓库铭牌、库区引导牌、仓库总体布局图、仓库内部定置图、库房编号、区域标线、区域标识牌、货架编码牌和物料卡片等。

2. 安全警示标识

安全警示标识主要包括禁止标识、警告标识、指令标识、提示标识、局部信息标识、辅助标识、组合标识、多重标识、安全警示线、安全防护设施、交通标识和消防安全标识等。

3. 文字说明标识

文字说明标识主要包括岗位职责、值班制度、巡视制度、安全保卫制度、验收制度、出入库制度、维护保养制度、消防制度、安全操作规程及流程等展示牌。

五、仓储设备选择与货架、货位管理

仓储设备包括装卸搬运设备、计量设备、辅助工器具和仓库室内货架。

（1）装卸搬运设备包括起重机、叉车、辅助运输设备等。

（2）计量设备包括地磅、台秤等。

（3）辅助工器具包括断线钳、电缆切断钳、手锯等。

（4）仓库室内货架以横梁式货架、搁板式货架和悬臂式货架为主，零星散件物资采用托盘或周转箱保管，线缆类物资可采用线缆盘存储货架。

（一）仓储设备选择

仓储设备选择以安全、实用为原则，在仓库内配置必要的存储设施设备、装卸搬运设备、计量设备及剪线工具等辅助工器具，满足专业仓储管理需要。

（二）货架与货位管理

存储类设备设施编号遵循从左到右、从前到后、从下到上的原则，数字递增进行编号。仓储货物严格按照"一货一位"原则管理，货位编码由 8 位数字组成，库房码 2 位，货架排号码 2 位，层数码 2 位（01 代表落地或货架下面第 1 层），位置码 2 位。

1. 货架分列编号

以进入仓库大门为参考，进入仓库后，货架纵向排列的，货架自左向右分别编号，从小到大排列，如图 7-2-1 所示。

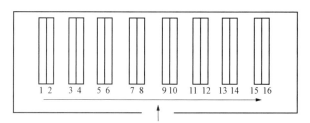

图 7-2-1　货架纵向排列编号示意图

货架横向排列的，库房货架布局为单侧的，货架由进门方向自前向后分列编号，从小到大排列 [如图 7-2-2（a）所示]，库房货架布局为双侧的，货架从左侧由进门方向开始自前向后从小到大分列编号，右侧则按顺时针方向转折回来后自后向大门侧从小到大排列 [如图 7-2-2（b）所示]。

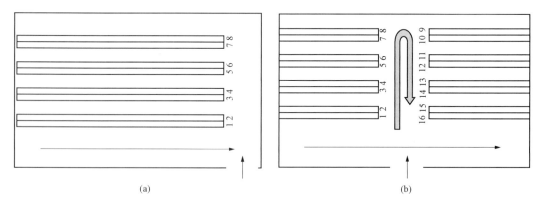

（a）　　　　　　　　　　　　（b）

图 7-2-2　货架横向排列编号示意图
（a）一列货架编号示意；（b）多列货架编号示意

2. 货架分层编号

每个货架的分层编号原则是从下到上数字递增进行编号，落地层为第一层，如图 7-2-3 所示。

3. 货架各层仓位编号

货架各层仓位编号原则是从货架最外侧（即张贴货架号侧）开始按照 8 位仓位码编

码原则从小到大进行编码，如图 7-2-4 所示。

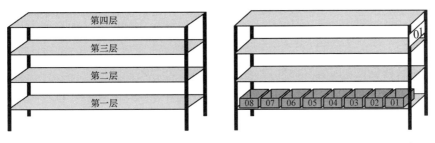

图 7-2-3 货架分层编号示意图　　　图 7-2-4 货架各层仓位编号示意图

第三节 仓储作业标准化

仓储作业标准化是指将物资验收、入库、存储、出库、盘点等仓储作业过程进行规范，以科学技术、规章制度和实践经验为依据，以安全、质量、效益为目标，优化作业过程，达到安全、准确、高效、省力的作业效果。本节主要介绍物资入库管理、库存物资管理、物资出库管理和作业凭证管理四部分内容。

一、物资入库管理

物资入库按照"先物后账"进行办理，即物资验收合格并实物入库后，在仓储管理信息系统执行收货入账操作。物资入库按来源不同，分为采购物资入库、代保管物资入库、结余物资退库、寄存物资入库和报废物资入库。

（一）采购物资入库

1. 采购物资入库流程

采购物资入库流程如图 7-3-1 所示。

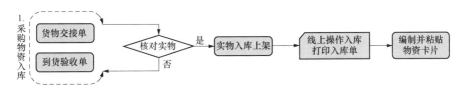

图 7-3-1 采购物资入库流程图

（1）仓储管理人员依据完成审核签字的货物交接单和到货验收单核对现场物资的品名、规格型号、数量和相关资料（包括但不限于装箱单、技术资料等），核对无误后办理实物入库上架。

（2）仓储管理人员执行仓储管理信息系统入库手续。

（3）打印两份入库单，合同承办人、仓储管理人员、仓储主管签字确认，由物资管理部门和财务管理部门分别存档。

2. 采购物资入库注意事项

（1）物资到货后，合同承办部门清点物资数量，检查外观有无残损，外包装是否符合合同规定要求，并清点随货提供的货物清单、装箱单等资料，与供应商办理货物交接手续，签署货物交接单。

（2）采购物资到货验收后（完成到货验收单签署），仓库保管员原则上应在 30 日内办理完实物上架和仓储管理信息系统入库手续。

（3）货物交接单、到货验收单和入库单签字必须完整，货物交接单中发货方签字时间早于或等于收货方签字时间，到货验收单中各方签字时间等于或晚于货物交接单中收货方签字时间，入库单时间等于或晚于到货验收单时间。

（4）项目物资在仓库暂存时间原则上不得超过 360 天。

（5）仓储管理人员应在每月财务管理部门封账前将货物交接单、到货验收单和入库单送交财务管理部门。

（二）代保管物资入库

1. 代保管物资入库流程

代保管物资入库流程如图 7-3-2 所示。

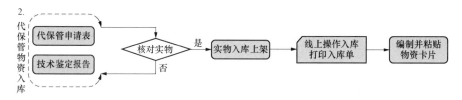

图 7-3-2　代保管物资入库流程图

（1）仓储管理人员依据审批后的委托代保管申请表和技术鉴定报告核对实物的品名、规格、数量及相关资料（包括但不限于合格证、装箱单、技术资料等），核对无误后实物入库上架。

（2）1 个工作日内在仓储管理信息系统办理入库。

（3）打印两份入库单，仓储管理人员、仓储主管、移交人签字确认，由物资管理部门和委托代保管部门分别存档。

2. 代保管物资入库注意事项

（1）代保管物资入库应入无价值工厂。

（2）代保管物资原则上在库时间不超过 720 天。

（3）技术鉴定报告时间早于或等于委托代保管申请表时间，委托代保管申请表时间早于或等于入库单时间。

（三）结余物资退库

1. 结余物资退库流程

结余物资退库流程如图 7-3-3 所示。

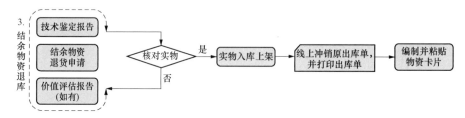

图 7-3-3　结余物资退库流程图

（1）仓储管理人员依据审批后的结余物资退库申请表、技术鉴定报告和价值评估报告（如有）核对退库物资的品名、规格、数量和相关资料（包括但不限于合格证、装箱单、技术资料，在资料正本需存档无法拆分时，可提供相关资料复印件），核对无误后实物入库上架。

（2）仓储管理人员在仓储管理信息系统中依据原出库单执行发货冲销操作或按出库操作，在退库物资数量前加"－"，操作完成后打印退库单（按出库操作打印的单据名称为出库单，但数量为负数，此出库单即为退库单），ERP 系统结余物资退库操作简易流程扫描二维码查看。

操作手册名称	ERP 系统结余物资退库操作简易流程
角色	仓储人员
主要功能	结余物资退库
二维码	

（3）打印四份出库单，仓储管理人员、仓储主管、移交人签字确认，由物资管理部门、财务管理部门、项目管理部门、原实物资产使用（保管）部门分别存档。

2. 结余物资退库注意事项

（1）技术鉴定报告时间早于或等于结余物资退库申请时间，结余物资退库申请时间早于价值评估报告时间、价值评估报告时间早于或等于出库单（即退库单）时间。

（2）对于物资性能、外观、包装完好的结余物资，可不进行价值评估，按原出库价值进行退库。

（3）结余物资退库金额大于 50 万元时，应经财务分管领导批准后方可办理退库手续。

（四）寄存物资入库

物资寄存是指货物所有权归属者将其交于其他人保管的行为，按货物所有权不同，寄存物资分为项目单位委托供应商保管和供应商委托项目单位保管两种。

1. 项目单位委托供应商保管

项目单位因现场不具备收货条件或无法安排场地存放货物，而将合同内全部或部分物资委托供应商进行保管。

物资验收合格，项目单位与供应商协商一致后签订物资寄存协议，明确物资明细、权属、保管要求及其他责任与义务等事项，项目单位需密切关注物资所寄存供应商的生产经营状况和物资存放情况。

按照物资采购合同条款，若涉及需支付合同款项的，仓储管理人员依据物资寄存协议，在仓储管理信息系统执行收货、入库操作，并配合物资合同承办人办理相关到货款的结算手续。

2. 供应商委托项目单位保管

供应商送货物资在交接或验收时发现合同内部分产品未到货；或产品存在缺陷，需修、退、换货；或提供的资料不齐全；或发票不合格，而将到货物资委托项目单位进行保管。

项目单位与供应商协商一致并签订物资寄存协议，明确物资明细、权属、保管要求及其他责任与义务等事项，并通过拍照、录像等方式做好现场证据的收集、留存。

仓储管理人员依据物资寄存协议办理实物入库，存放收货暂存区或入库待检区，也可在仓库活动空间临时隔离有关区域作为寄存物资的存放场所，并做好隔离警示、安放对应标识牌。

（五）报废物资入库

1. 报废物资入库流程

报废物资入库流程如图 7-3-4 所示。

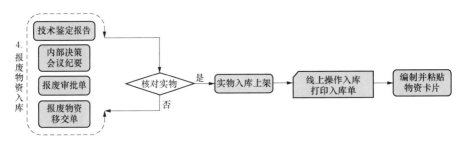

图 7-3-4　报废物资入库流程图

（1）仓储管理人员依据报废审批单、技术鉴定报告、内部决策会议纪要（如有）、报废物资移交单核对报废物资品名、规格、数量，核对无误后实物入库上架。

（2）1 个工作日内在仓储管理信息系统中办理入库。

（3）打印两份入库单，仓储管理人员、仓储主管、移交人在报废物资移交单、入库单上签字确认，物资管理部门和移交部门分别存档。

2. 报废物资入库注意事项

（1）技术鉴定报告时间早于内部决策会议纪要时间（如有），报废审批单时间早于或等于报废物资移交单时间，报废物资移交单时间等于或早于入库单时间。

（2）废旧计算机等含有存储介质的废旧物资，实物使用保管部门应在办理完物资报废审批手续后，先交于科信部门（信息化管理部门）拆除存储介质，再移交至物资管理部门。物资管理部门在实物移交时，应严格检查信息化设备是否拆除存储介质，未拆除的拒绝办理入库手续。

（3）废旧物资报废审批过程资料不完整的，仓储管理人员有权拒绝办理移交和入库手续。

二、库存物资管理

（一）物资存储管理

1. 分库和分区管理

（1）库房按功能需求和物资种类分区，所有货位按顺序统一编号，做出明显标记。

（2）事故备品备件、常规备品备件、结余物资、劳保用品和办公用品等应分库或分区管理并设立明显标识。

（3）应急物资应单独立库（库区）、分区管理，有价值应急物资和代保管应急物资分区管理并设立明显标识。

（4）寄存物资应单独立库（库区）、分区管理，并设立明显标识。

（5）易燃、易爆、有毒有害等危险品应按国家和地方的有关规定进行分类、分库、分区存放，并设立明显标志和警示标识。

（6）报废物资应单独立库（库区）、分区管理，有处置价值的报废物资、无处置价值的报废物资、特殊性报废物资应分库（分区）管理，并设立明显标志和警示标识。

（7）物资验收入库后，仓储管理人员制作好物资标识牌。物资标识牌要有货位编码、物料编码、物料描述、厂内描述、规格型号、单位、数量、批次号和库存地点等信息，定期检查更新，保证物资标识牌信息清晰、完整、准确，便于追溯。

2. 物资存储要求

（1）露天堆场存放的物资要上盖、下垫。苫盖材料不能苫到地面。物资衬垫要按垛形尺寸和货垛总重量以及地面负荷条件等选择，在垛底放上枕木、垫板、水泥块、石块等，以防止地面潮气进入，并使垛底通风。

（2）物资堆放应做到场地安排合理，码放要求包括轻启轻放、大不压小、重不压轻；标志直观清晰，标签朝外，四角落实，整齐稳当；袋装货物定型码垛重心应倾向垛内，纸箱包装和桶装货物箱口应向上，便于检查、盘点，做到过目成数，宜采用"五五化"堆码法，即物资按 5 个一组分类堆（码）放。

（3）易碎的电瓷、玻璃制品等应加外包装，不得超高堆垛、挤压、碰撞；橡胶、塑料、石棉制品等应存放在干燥、通风的封闭场所，包装密封，避免受酸、碱、油等腐蚀品影响；精密仪器仪表、电子产品、电焊条等要存放于恒温恒湿库内。有低温储存要求的物资，应放在冷藏柜内。金属材料、配件等入库后要先清除表面油污和锈蚀，采取防锈措施并定期检查。

（4）对需要进行电气和机械性能保养维护的物资（含代保管物资），仓储管理人员要配合专业管理部门开展维护保养工作。

（5）有储存期限的物资需登记出厂进库时间，检查有效期，对因过期、变质、技术淘汰、损坏等原因影响正常使用的，应及时通知有关部门采取转让、报废等措施进行处理。

（二）储备定额管理

项目单位应急物资、事故备品备件储备量实行定额管理，按定额进行物资储备，物资储备量应包含已出库未使用物资、退役资产等不同业务形成的实际库存量，当库存储备量低于或高于定额量时，仓储管理人员应及时向物资管理部门报告，由物资管理部门向安全监察质量部、运维检修部、生产技术部等提供库存台账，以便相关部门通过采购、调剂等方式补充库存，通过转让（含调剂）、报废等方式降低库存。

（三）事故备品备件和应急物资管理

项目单位运维检修部或生产技术部是事故备品备件归口管理部门，安全监察质量部是应急物资归口管理部门，负责按照国网新源控股事故备品备件储备参考定额和应急物资储备定额标准，组织制订和优化本单位事故备品备件储备定额和应急物资储备定额。

库存事故备品备件和应急物资应由项目单位归口管理部门定期组织专业管理部门（项目管理部门、物资管理部门）进行检验或轮换试验，建立试验记录，保证事故备品备件和应急物资质量完好，试验记录由物资管理部门仓储信息员留存一份存档。经鉴定（或试验）不满足技术要求（或质量）条件或已到保质期限的由仓储管理人员提出报废。

事故备品备件领用、借用须经项目单位运维检修部或生产技术部批准；应急物资领用、借用须经项目单位安全监察质量部批准。

（四）库存物资利用

可利库物资是指库存物资（不含报废物资）中储备定额范围以外的实物。库存物资利用坚持"先利库、后采购"，物资管理部门每月将可利用库存物资信息发送项目管理部门、物资需求部门，供项目管理部门、物资需求部门提报采购需求前进行平衡利库。

（五）库存物资报废

1. 库存物资报废条件

（1）淘汰产品，无零配件供应，不能利用；国家规定强制淘汰报废；技术落后不能满足生产需要。

（2）经鉴定存在严重质量问题或其他原因，不能使用。

（3）超过保质期的物资。

2. 库存物资报废流程

（1）物资管理部门每年组织物资需求部门、项目管理部门等，对库存物资进行技术鉴定，符合报废条件的，物资需求部门、项目管理部门在技术鉴定报告中明确鉴定意见并签字确认，物资管理部门视本单位管理要求组织履行内部决策审批。

（2）仓储管理人员根据技术鉴定报告、内部决策会议纪要（如有）在仓储管理信息系统中发起报废申请。库存物资报废流程如图7-3-5所示。

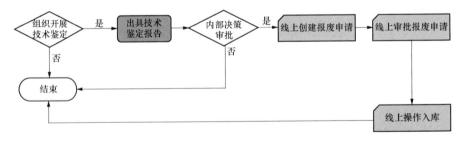

图7-3-5　库存物资报废流程图

（六）物资盘点管理

库存物资盘点采取月度盘点和双季度盘点相结合方式，月度盘点以抽盘、轮盘或出入库物资盘点为主；双季度盘点（每年6月底、12月底）对库存物资（包括退出退役物资、废旧物资）进行全面盘点，财务管理部门共同参与。

仓储管理人员在仓储管理信息系统中创建和打印盘点表，至少两人参与盘点，分别负责清点和监督。实物清点完成后双方在盘点表上签字确认，仓储主管将盘点结果录入仓储管理信息系统中履行审批流程。如无差异，仓储主管编制盘点报告并存档，盘点结束；如有差异，打印盘点差异表，组织人员对差异物资进行核查，编制差异分析报告提交物资管理部门、财务管理部门审核，审核通过后报相关领导审批，相关领导批准后由财务管理部门在 ERP 中进行盘盈、盘亏调整。

库存物资盘点重点核对账、卡、物数量是否一致，检查库存物资有无超质保期或积压物资，检查库存数量是否高于或低于储备定额。

月度盘点产生的盘点单由物资管理部门存档，双季度盘点产生的盘点单由物资管理部门和财务管理部门分别签字存档。

ERP 库存物资盘点操作简易流程扫描二维码查看。

操作手册名称	ERP 库存物资盘点操作简易流程
角色	仓储人员
主要功能	库存物资盘点
二维码	

物资盘点流程如图 7-3-6 所示。

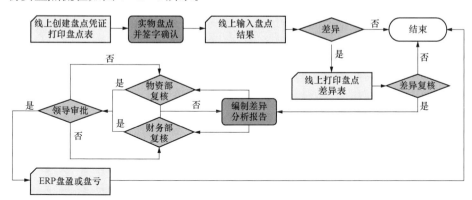

图 7-3-6　物资盘点流程图

三、物资出库管理

物资出库按照"先账后物"的原则处理，即先在仓储管理信息系统中操作出库，再办理实物发货和交接。

（一）有价值物资领用出库

（1）仓储管理人员依据完成审核签字的领料单在仓储管理信息系统中操作出库。

（2）打印出库单，仓储管理人员、仓储主管、领料人签字确认，领料单和出库单由财务管理部门、物资管理部门、物资领用部门分别存档。

（3）仓储管理人员依据领料工单和出库单核对实物，核对无误后实物下架出库。

（4）仓储管理人员应在每月财务管理部门封账前将领料单和出库单送交财务管理部门。

有价值物资领用出库流程如图7-3-7所示。

图7-3-7　有价值物资领用出库流程图

（二）代保管物资出库

（1）仓储管理人员依据完成审核签字的代保管物资领料单核对代保管入库单和实物。

（2）在仓储管理信息系统中操作出库并打印出库单，仓储管理人员、仓储主管、领料人签字确认，物资管理部门和委托部门（领料部门）分别存档。

（3）仓储管理人员对实物下架出库。

代保管物资出库流程如图7-3-8所示。

图7-3-8　代保管物资出库流程图

（三）报废物资出库

仓储管理人员依据销售合同、经财务管理部门确认的付款凭证，核对报废物资的品名、规格，并清点、过磅，确认无误后在仓储管理信息系统中操作出库，并打印出库单，仓储管理人员、仓储主管、回收商签字确认，实物下架出库，物资管理部门、物资监督人员、实物资产使用（保管）部门和回收商在报废物资实物交接单签字确认。物资管理部门、财务管理部门分别存档。

报废物资出库流程如图7-3-9所示。

图7-3-9　报废物资出库流程图

（四）物资借用与归还

（1）仓储管理人员依据完成审核签字的借料申请单在仓储管理信息系统中进行移库操作（按需在ERP有价值工厂和无价值工厂建立已借出物资虚拟库），打印移库单，与借料人双方签字确认。借料申请单上记录发料情况后，与借料人员双方签字确认，核对借用物资实物，实物下架出库。借料申请单、移库单由物资管理部门、借料部门、项目管理部门分别留存。ERP系统移库操作简易流程扫描二维码查看。

操作手册名称	ERP 系统移库操作简易流程
角色	仓储人员
主要功能	移库
二维码	

（2）在紧急抢修的情况下，无法办理正常审批手续时，借料部门可直接向物资管理部门申请借料，实施紧急借料，但应在 5 个工作日内补办相关手续。

（3）借用物资返还入库前，应由项目管理部门组织开展技术鉴定，借用物资已损坏的，由借用部门维修或提供全新件，不能维修的办理出库手续。

（4）借用部门将实物归还物资管理部门，仓储管理人员依据借用部门提供的原借料申请单、技术鉴定报告核对实物，核对无误后办理实物入库上架，并在原借料申请单上记录实物归还信息后双方签字确认，在仓储管理信息系统中进行移库操作，打印移库单并签字，原借料申请单、移库单由物资管理部门、实物资产使用（保管）部门、项目管理部门、财务管理部门（如有）分别留存。

借用物资出库流程如图 7-3-10 所示，借用物资归还流程如图 7-3-11 所示。

图 7-3-10　借用物资出库流程图

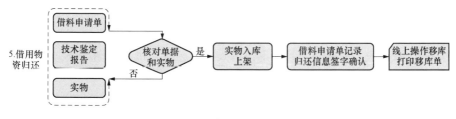

图 7-3-11　借用物资归还流程图

四、作业凭证管理

仓储作业凭证包括货物交接单、到货验收单、入库单、领料单、出库单、移库单、盘点凭证、物资台账和报废审批单等相关凭证。仓储信息员应在每月财务管理部门关账后从线上导出库存台账（包括废旧物资台账），核对台账中本期变动数量及金额，核对货物交接单、到货验收单、入库单、领料单、出库单和报废审批单等相关凭证是否齐全，逐月整理，按年归档。各类巡检、保养、检验等记录应按月核对检查，按年归档。

第四节 仓储安全管理

仓储安全管理在企业安全管理中占据重要的地位。本节主要介绍仓储安全管理，包括仓库安全管理、仓储作业安全管理和信息安全管理三部分内容。

一、仓库安全管理

仓库是物资的集中存放地点，确保仓库运行安全是企业正常经营的必要条件，仓库安全既要保证操作人员的安全，又要保证物资安全。仓库安全管理包括以下内容：

项目单位要按照国家消防相关规定和国网新源控股安全设施标准化要求统一安排仓库区域内消防器材及设施的配备、试验、更换，包括各种灭火器、消防栓、水枪及其他消防用品，并做好台账。

根据实际需要，仓库区域内宜安装视频监控系统。

库房（含建筑物、门、窗）必须安全牢固，易于侵入的窗户需加装铁栅栏等防范设施。

易燃、易爆、有毒有害等危险品应按国家和地方的有关规定进行分类分库存放，专人保管。仓储区域内易燃、易爆、剧毒性物资必须分间、分库储存，并在醒目处标明储存物品的名称、性质和灭火方法；存放剧毒性物品的地方应设置"危险品""请勿靠近"等明显标志。危险品仓库应在库房外单独安装开关箱，仓储管理人员离库时，必须拉闸断电。

库房内不准使用电炉、电烙铁、电熨斗等电热器具和电视机、电冰箱等家用电器。不准设置移动式照明灯具。可燃物资与热光源照明灯具应保持安全距离，最小安全距离不得小于 0.5m，与容量 500W 以上的灯具应加大安全距离。

消防通道、仓库的安全出口、疏散楼梯、仓库电器设备的周围和架空线路的下方等位置，严禁堆放物品。

叉车、行车等起重设备，应有监督检验机构出具的验收、检验报告和安全检验合格标志，安全检验合格标志固定在特种设备显著位置，并在所在地的市级及以上特种设备安全监察机构注册登记，方可投入正式使用。

二、仓储作业安全管理

作业人员出入仓储库区，必须佩戴安全帽并登记，填写仓库外来人员、车辆出入库登记表，非仓储管理人员未经许可，不得进入仓储区域。机动车辆需登记后按指定位置停放。严禁携带任何易燃、易爆、有毒有害等危险品进入仓库。

仓库值班人员不得离岗、脱岗。定时进行巡回检查，检查中发现的问题，能及时整改的，由所在岗位实施整改；一时无法整改的，或无条件解决的，及时向物资管理部门负责人汇报。如发现危急情况，应要求有关部门立即采取紧急措施，防止事态扩大，并做好值班记录。

仓储区域内行明火作业的，须办理动火证，需履行批准手续，并采取严格的安全措施。

仓库消防管理纳入项目单位消防一体化管理。定期组织开展防火检查，重点是库房、设备、防火设施等，消防设备设施的检查、维修、保养、更换和添置要有完整的记录。

储存剧毒性物品的库、柜应设两把锁，存放剧毒性物品的容器应完好无损，容器标签必须清晰完整，对缺损不全或字迹不清的要及时更换，发放时需由物资管理部门和安全监察质量部门审核。

仓储安全员对特种设备应当至少每月进行一次检查，并填写检查记录。发现异常情况的，应当及时向本单位物资管理部门负责人汇报，严禁带故障运行。特种设备存在严重事故隐患，无改造、维修价值，超过安全技术规范规定使用年限，经鉴定确认后应当及时予以报废，并向当地原登记的特种设备安全监督管理机构办理注销手续。

起重作业前安全监护人必须对作业工具进行严格的检查，尤其是捆绑、吊运、固定货物的承载物，必须保持完整良好，如有折蚀、磨损不能确保安全作业的，必须停止使用。起重机械作业时，必须鸣铃或示警，操作中接近人时必须连续铃声或示警，保证货物空中平衡，防止重心偏移，货物脱落。严禁把滚动性或不抗压的东西垫在货物下面，保证货物放在平衡、牢固、安全的地域。吊运大件货物时，多人作业必须相互配合，由起重装卸安全监护人现场监护指挥，监护人不得参与作业，作业人员必须取得相关特种设备操作资格。

三、信息安全管理

仓库区域内网办公计算机应粘贴"内网设备，请勿接入"警示标识，内网桌面终端必须按要求安装终端安全管理软件，国网新源控股指定防毒、桌面准入、内网安全（信息注册）3款软件必须安装，保证合格率100％；严禁私自架设或接入非指定信息网络或无线路由设备。

严禁打印机、复印机、扫描仪等设备内外网混用，内网机数据交换时必须使用国家电网有限公司专用内网U盘，禁止在内网计算机上接入手机、平板电脑等具有网络访问功能的电子设备。

内网办公计算机开机、邮件、门户等账号等必须按国网新源控股信息要求设置口令，仓储管理范围内明确外网机向互联网发送数据时，数据必须压缩加密，且在政治保电期间不准出现规定的敏感词汇。

仓储主管应定期检查每台内网办公计算机的安全设置，包括但不限于开机口令、桌面终端注册、杀毒软件等，确保安全设置均符合要求。

第五节　物资仓储管理案例分析

本节分析物资入库、物资出库、库存物资报废典型案例。

【案例7-5-1】　设备改造项目物资入库常见问题及注意事项

一、背景描述

2020年8月30日，某公司××设备改造物资到货，合同承办人组织相关部门对到货物资进行交接和验收，验收结束后，各方在货物交接单（如图7-5-1所示）和到货验收单（如图7-5-2所示）上签字确认。2020年9月1日，仓储管理人员依据货物交接单和到货验收单核验货物名称、规格型号和数量，确认无误后实物入库并在线上操作入库。

二、存在问题

（1）货物交接单未填写货物交接单号和采购订单号，到货验收单未填写到货验收单号和采购订单号。

（2）货物交接单和到货验收单未签署日期，无法确定货物交接和验收时间。

（3）物资入库前仓储管理人员未认真核验货物交接单和到货验收单，物资入库不规范。

三、原因分析

合同承办人和参与货物验收相关人员工作责任心不强，未严格执行货物交接、验收相关制度；仓储管理人员入库前未仔细核对到货验收单、货物交接单是否填写完整。

货物交接单号：　　　　　　　　　　　　　　　　　　　采购订单号：

合同名称	某抽水蓄能有限责任公司2号空气冷却器改造设备购置						合同编号		SXHLCSXN20190017
项目单位	某抽水蓄能有限责任公司						供应商		×××有限责任公司
项目名称	某抽水蓄能有限责任公司2号空气冷却器改造						供应商联系人/电话		邓某　189××××××××
收货联系人/电话	李某　158××××××××						承运人/电话		张某　139××××××××
序号	物料编码	物料描述	合同数量	单位	发货数量	到货数量	包装、外观是否完好	交货地点	到货时间
1	500025871	空气冷却器,T9	1	台	1	1	完好	××省××市××街道××号	2019.08.30
备 注									
供应商（签字/时间）	邓某			项目单位(收货人)（签字/时间）		李某			

注：1. 应说明本单物资的外观、到货数量等情况。
　　2. 委托施工单位接货的,表单签字栏可增加施工单位签署。
　　3. 本货物交接单为买卖双方物资到货重要凭证,双方应妥善保管。

图 7 - 5 - 1　货物交接单

到货验收单号：　　　　　　　　　　　　　　　　　　采购订单号：

合同名称	某抽水蓄能有限责任公司2号空气冷却器改造设备购置						合同编号	SXHLCSXN20190017
项目单位	某抽水蓄能有限责任公司						供应商	×××有限责任公司
项目名称	某抽水蓄能有限责任公司2号空气冷却器改造						承运人/电话	张某139××××××××
收货联系人/电话	李某　158××××××××						交货地点：	××省××市××街道××号
序号	物料编码	物料描述	合同数量	单位	发货数量	到货数量	到货时间　交接时间	开箱检验情况
1	500025871	空气冷却器,T9	1	台	1	1	2019.08.30　2019.08.30	设备外观完好,合格证、说明书、试验报告等齐全
备 注								
物资合同承办部门：（签字/时间）		李某			物资需求部门/项目管理部门：（签字/时间）			赵某
供应商：（签字/时间）	邓某	监理单位(如有)：（签字/时间）		张某			施工单位(如有)：（签字/时间）	吴某

注：1. 到货验收应说明本单物资的外观、开箱交接情况,以及到货数量,重量,附件,文件资料等情况。
　　2. 本到货验收单为买卖双方物资交接,货款结算的重要凭证,双方应妥善保管。

图 7 - 5 - 2　到货验收单

四、解决措施

（1）合同承办人在货物交接单、到货验收单上完善货物交接单号、采购订单号和到货验收单号相关信息。

（2）参与货物交接和验收的相关人员按货物实际交接日期和验收日期补充签署货物交接单、到货验收单。

五、结果评析

参与货物交接和验收的相关人员应加强工作责任心，应严格按《物资采购合同承办管理办法》要求开展货物交接、验收工作。

仓储管理人员应加强业务知识学习，切实履行相应职责，严把审核关卡，物资入库前仔细检查货物交接单、到货验收单的完整性和准确性，发现问题及时反馈合同承办人补充完善，相关单据正确无误后方可执行入库操作，确保物资入库流程规范。

【案例 7 - 5 - 2】　物资出库常见问题及注意事项

一、背景描述

2020 年 5 月 12 日，某公司采购维护材料到货，履行交接验收等相关手续后，仓储管理人员在仓储管理信息系统操作入库，并打印入库单（如图 7 - 5 - 3 所示）。同日运维检修部领料人持审批后的领料单（如图 7 - 5 - 4 所示）到物资仓库领用货物，物资管理部门仓储管理人员依据领料单在仓储管理信息系统操作发货并打印出库单（如图 7 - 5 - 5 所示），出库单经仓储管理人员、仓储主管、领料人签字确认，仓储管理人员将该批物资下架出库，并移交领料人。5 月 25 日，物资管理部门仓储管理人员在做月度物资盘点时，发现有一项物资——"面粉，99.9kg"缺失。

物料凭证号/入库单号：　5000410523/RCDH20190512000005

入库类型	采购入库			订单号	4100054726		凭证输入日期 2019.05.12
移动类型代码/名称	101/到成本中心的收货			合同编号	SXHLCSXN20190008		记账日期　　2019.05.12
工厂代码/名称	8112/某公司有价值工厂			会计凭证	5000000137		物料凭证号　5000410523
公司代码/名称	5754/某抽水蓄能有限责任公司			供应商编码/名称 0020005247			
抬头广本	对某抽水蓄能有限责任公司运检部维护材料收货 项目编码/名称						

序号	物料编码	物料描述	厂内描述	单位	订单数量	实收数量	单价（元）	总价（元）	库存地点	货位号	批次号	备注
1	580003780	松动剂	松动剂,乐菲 571	kg	50	50	328.53	16426.50	8110	02010207	1905120037	
2	500011757	面粉	面粉,雪花牌 5kg/袋	kg	100	100	10.00	1000.00	8110	02010208	1905120038	
3	500010854	密封件	密封件,生料带	个	40	40	1.83	73.20	8110	02010209	1905120039	
合计								17499.70				

物资合同承办人：韩某　　　　库管员：刘某　　　　仓库主管：赵某

图 7 - 5 - 3　入库单

物资领用部门：	运检部		日期：	2019.05.12	制单人：	王某
工厂代码：	8112	工厂名称：	某公司有价值工厂			
SAP工单号：	528710283035	用途说明：	设备维护			
资金项目编号：		资金项目描述：				
WBS元素：		WBS描述：				

项目	物料编号	物料描述	单位	需求日期	申请数量	领用数量
1	580003780	松动剂	kg	2019.05.15	50	
2	500011757	面粉	g	2019.05.15	100	
3	500010854	密封件	个	2019.05.15	40	

批准人：张某　　　　保管人：刘某　　　　领料人：王某

图 7 - 5 - 4　领料单

物料凭证号/入库单号: 4900158763/RCDH20211215000005

出库类型	ERP领料工单				会计凭证	4900000592			物料凭证号	4900158763	
工厂代码/名称	8112/某公司有价值工厂				凭证输入日期	2019.05.12					
公司代码/名称	5754/某抽水蓄能有限责任公司				记账日期	2019.05.12					
移动类型代码/名称	102/到成本中心的发货				项目类型						
抬头广本	对某抽水蓄能有限责任公司运检修维护材料发货				项目编号/名称	202201001/某抽水蓄能有限责任公司2号机组改造					
序号	预留/调剂单号	行号	物料编码	物料描述	厂内描述	批次号	单位	数量	账户分配	库存地点	单价(元)	总价(元)	备注
1	002761	10	580003780	松动剂	松动剂,乐菲571	1905120037	kg	50	5001723165	8110	328.53	16426.50	
2	002761	20	500011757	面粉	面粉,雪花牌5kg/袋	1905120038	g	100	5001723165	8110	0.01	1.00	
3	002761	30	500010854	密封件	密封件,生料带	1905120039	个	40	5001723165	8110	1.83	73.20	
合计												16500.70	
制单人:刘某			库管员:杨某			仓库主管:赵某			领料人:王某				

图 7-5-5 出库单

二、存在问题

物资台账中一项物资有账无物。

三、原因分析

入库单中面粉这项物资的计量单位是"千克",而领料单和出库单中面粉这项物资的计量单位是"克",仓储管理人员刘××在发货时疏忽大意,简单地认为工程物资一收一发,数量一致就不会有错,因此未仔细核对物资的计量单位,造成物资实际领用数量大于领料单数量,最终导致有账无物的情况发生。

四、解决措施

(1)运维检修部退回多领用物资。

(2)仓储管理人员联系运维检修部开具领料单,对亏库物资发货。

五、结果评析

仓储管理人员应增强工作责任心,物资出库前仔细核对领料单上领用物资的数量和计量单位,发货完成后核对领料单与出库单上各项信息,确保领用与出库一致,严格按《物资仓储管理办法》要求开展仓储标准化作业。

【案例7-5-3】 库存物资报废常见问题及注意事项

一、背景描述

2020年6月26日,某公司物资管理部门仓储主管组织相关业务部门对库存物资——空气冷却器进行技术鉴定。经鉴定空气冷却器符合库存物资报废条件"淘汰产品,无零配件供应,不能利用",因此技术鉴定部门出具技术鉴定报告(如图7-5-6所示)。

2020年7月9日,仓储管理人员逐级办理非固定资产报废审批手续,相关责任部门逐级审批,7月13日,审批完毕,非固定资产报废审批表如图7-5-7所示。

二、存在问题

(1)技术鉴定报告未加盖部门公章。

(2)非固定资产报废审批表,实物资产管理部门未填写技术鉴定意见。

三、原因分析

(1)相关工作人员工作责任心不强,未切实履行相应职责,严把审核关卡。

技术鉴定报告

鉴定部门(章)：运维检修部　　　　　　鉴定时间：2020.06.26　　　　　　鉴定地点：物资部事故备品库

物资基本情况描述

序号	物资名称	规格型号	计量单位	数量	资产编码	是否有外包装	设备是否有破损	随设备资料是否完整	备注
1	空气冷却器	XL94587	台	1		是	否	是	库存物资

鉴定过程描述：

　　运维检修部2020年6月26日对上表所列XL94587型空气冷却器进行了技术鉴定，经鉴定，XL94587型空气冷却器于九十年代末设计定型产品，技术落后，属于淘汰产品，技术落后不能满足生产需要。

鉴定结果：

　　同意报废。

鉴定人员(签字)：邓某

图 7-5-6　技术鉴定报告

项目单位：某抽水蓄能有限责任公司　　　　　　审批表流水号：SGXY-XLC-2020-0012

序号	物资名称	规格型号	单位	数量	原安装地点	备注
1	空气冷却器	XL94587	台	1	物资部事故备品库	库存物资

报废原因：因运营方式改变全部或部分拆除，且无法再安装使用
使用保管部门： 　　经办人：韩某　　　　　　负责人：李某 　　2020年7月9日　　　　　　2020年7月9日
实物管理部门（技术鉴定意见）： 　　鉴定人：刘某　　2020.7.9　　负责人：王某 　　2020年7月9日　　　　　　2020年7月9日
财务部门： 　　负责人：吴某 　　　　　　　　　　　　　　　　　2020年7月15日

图 7-5-7　非固定资产报废审批表

　　（2）相关工作人员对《废旧物资管理办法》等相关制度学习掌握不够，对报废流程不清楚。

　　四、解决措施

　　（1）技术鉴定部门在技术鉴定报告加盖部门公章。

　　（2）在非固定资产报废审批表中补充明确的技术鉴定意见（同意报废）。

五、结果评析

物资管理部门应做好制度宣贯工作，库存物资报废业务涉及部门相关人员应加强制度学习和技能培训，执行规范的工作流程，提高业务水平，确保库存物资报废相关业务手续及业务流程的规范性及正确性。

相关工作人员应熟知各项表单审核要点，切实履行相应职责，严把审核关卡，在前端杜绝错误的发生。

【巩固与提升】

1. 简述采购物资入库流程。
2. 简述有价值物资领用出库流程。
3. 简述库存物资报废流程。
4. 简述报废物资入库流程。
5. 简述报废物资出库流程。

第八章 工程物资管理

工程物资管理是抽水蓄能电站工程建设管理的重要组成部分，直接影响着工程项目的质量、进度和经济效益。本章主要介绍工程甲供设备管理、甲供材料管理、乙供材料监管和工程物资管理案例四部分内容。

	学习目标
知识目标	1. 熟悉工程甲供设备的概念、管理内容、管理流程 2. 熟悉工程甲供材的概念、管理内容、管理流程 3. 熟悉工程乙供材的概念、管理内容、管理流程
技能目标	1. 掌握工程甲供设备管理各环节的工作方法与技巧 2. 掌握工程甲供材管理各环节的工作方法与技巧 3. 掌握工程乙供材管理各环节的工作方法与技巧
素质目标	1. 具有较强的工程物资管理风险意识 2. 能够有规划性、计划性地开展工程物资管理工作 3. 具有较强的工作组织协调能力，在工程物资管理工作中能够公平、公正处理项目单位与参建各方关系

第一节 工程甲供设备管理

抽水蓄能电站工程甲供设备管理对工程项目质量、进度、经济目标的实现具有关键作用。本节主要介绍工程甲供设备管理概述、供应计划管理、生产与交付管理、进场交接管理、开箱验收管理、移交管理、临时仓储保管、随机资料管理和台账管理等内容。

一、工程甲供设备管理概述

（一）工程甲供设备的概念

工程甲供设备是指由抽水蓄能电站项目单位（建设单位）自主采购，用于工程建设的设备。项目单位和施工单位会在施工合同中约定甲供设备范围，一般设备价值高、直接影响工程质量的机电设备宜采用甲供方式。目前，国内抽水蓄能电站建设工程项目中，设备以甲供方式为主。

（二）工程甲供设备分类

抽水蓄能电站工程甲供设备按功能分类，主要包含水泵水轮机及其附属设备、发电电动机及其附属设备、继电保护设备、自动控制设备、厂用电设备、厂用辅助设备、水工监测设备、水工机械设备等类别。以某抽水蓄能电站（4×300MW）建设工程为例，该建设工程甲供设备清单如表8-1-1所示。

表 8-1-1　　　　　　　　　　某抽水蓄能电站建设工程甲供设备清单

单体工程	甲供设备
施工供水系统工程	供水系统设备
施工供电系统工程	供电系统设备
上下库连接公路工程	路灯
中控楼工程	配电电气设备（配电房）
上下库及其金属结构安装工程	库岸照明
	进出水口闸门和启闭机
	导流泄放洞闸门、启闭机和消能阀
引水系统工程	钢岔管
地下厂房工程	尾水事故闸门和启闭机
大坝安全监测工程	大坝安全监测设备
业主营地工程	配电设备
永久机电设备仓库	桥式起重机
机电安装工程	水泵水轮机及其附属设备、发电电动机及其附属设备、开关站设备、厂用辅助设备等

（三）甲供设备管理的内容和目标

抽水蓄能电站工程设备投资大，采购费用占工程总投资 20％左右，同时甲供设备管理具有工作点多面广、供应周期长等特点，做好工程甲供设备管理是提高工程项目经济效益的重要途径。

工程甲供设备管理就是对设备物资进行有计划、有组织、有时效的资源调配，要求项目单位物资管理人员从供应计划、供应商的生产与交付、进场交接、开箱验收、移交、临时仓储保管、消缺处置、资料和台账管理等环节入手，以质量可靠、按期进场、存放妥善、有序领料为目标开展工作。

（四）参建各方管理职责

在抽水蓄能电站工程中，参与甲供设备管理的主体有项目单位、监理单位、施工单位和供应商。各方管理职责如表 8-1-2 所示。

表 8-1-2　　　　　　　　　　各方管理职责

参建方	管理职责
项目单位	制定甲供设备的总供应计划，审核分部分项工程甲供设备月度供应计划，负责甲供设备的采购、组织进场和按施工合同约定按时移交施工单位，负责甲供设备随机资料的收集、整理和归档工作
监理单位	对施工单位甲供设备计划进行审核，组织进场甲供设备的质量检查、验收和交接，监督、检查施工单位对甲供设备的临时保管，定期组织对施工单位仓库的盘点工作
施工单位	根据进度计划编制和上报甲供设备计划，根据施工合同约定负责甲供设备的卸车和交接工作，负责甲供设备的临时仓储保管
供应商	按设备采购合同约定，履行设备的按期保质保量交付义务和售后服务

二、甲供设备供应计划管理

抽水蓄能电站建设项目可研设计完成后，项目单位应在工程分标规划报告中明确甲供设备范围、分标规划和采购方式等内容。

甲供设备供应计划可分为供应总计划和分部分项工程甲供设备批次（或月度）供应计划，供应计划管理是甲供设备管理工作的支撑和依据，起统领作用。

（一）甲供设备供应总计划管理

甲供设备供应总计划是对整个工程项目所需的甲供设备的预测和安排，是工程项目甲供设备供应的总体规划。项目单位根据可研设计和工程总进度计划，在策划工程施工组织设计时编制甲供设备总供应计划，根据设备的市场产能、生产、运输、验收与试验、安装调试周期并预留一定时间裕度，按倒排的方法编制甲供设备供应总计划，内容应包含设备名称、规格、数量、计划进场时间等。

某抽水蓄能电站甲供设备供应总计划表（示例）如表 8-1-3 所示。

表 8-1-3　　　　　　某抽水蓄能电站甲供设备供应总计划表（示例）

序号	设备名称	规格型号	单位	数量	计划进场时间
1	下水库金属结构设备				
1.1	下水库进出水口闸门	58m，4.7m×6.0m	面	2	2016 年 9 月
1.2	下库进出水口拦污栅	5.5m×9m	套	2	2016 年 9 月
⋮					
4	500kV 设备				
4.1	1 号主变压器及其附属设备	500kV，360MVA，双绕组，三相，525/18，油浸式	台	1	2018 年 3 月
4.2	2 号主变压器及其附属设备	500kV，360MVA，双绕组，三相，525/18，油浸式	台	1	2018 年 6 月
⋮					

（二）分部分项工程甲供设备供应计划管理

分部分项工程甲供设备批次（或月度）供应计划是分部分项工程所需甲供设备的预测和安排，相对于总计划，该供应计划中设备清单更详细，供应计划时间更精确，同时能更清晰地与机电工程各专业分项进度计划、施工合同工程量清单匹配。抽水蓄能电站工程机电项目涉及多个专业，同时各参建方按专业划分配备不同的参建人员，这种按专业划分的模块化设备供应计划管理，能够提升各参建方管理人员之间沟通、协调效率。

以某抽水蓄能电站机电安装工程为例，机电分部分项工程项目有水泵水轮机及其附属设备、水力机械辅助设备、发电电动机及附属设备、电气一次回路设备及装置、电站计算机监控系统、电气二次回路设备及装置、通信系统、起重设备、通风空调系统及其监控系统、火灾报警及消防设备等。机电项目施工过程中，施工单位根据工程进度计划按分部分项工程甲供设备供应计划分批次上报监理单位，监理单位审核后报项目单位批准。分部分项工程甲供设备批次（或月度）计划内容包括分部分项工程名称、设备名称、规格型号、数量、进场时间、卸车地点、安装时间等。分部分项工程甲供设备批次（或月度）供应计划管理可以按月由监理单位组织施工单位上报，重点设备（影响现场直线工期的设备和大件运输设备）应提前 3 个月上报，一般设备应提前 2 个月上报。某抽水蓄能电站工程甲供设备月度需求计划表如表 8-1-4 所示。

三、甲供设备生产与交付管理

甲供设备的按期交付是保证机电安装工程进度的前提。设备采购合同签订生效后，按照"一协议，一计划"的原则，根据施工单位需求计划、工程进度、生产运输周期及合同约定的交货期，编制甲供设备供应计划，该供应计划应根据工程进度计划滚动更新。

项目单位为保证设备按期交付，根据供应计划加强与供应商沟通协调，利用监造、电话询问、发函、约谈、生产巡查等多种方式，掌握供应商生产进度，及早发现并协调解决设备制造过程中的问题。对于重点设备，项目单位应组织监造单位明确备料、关键工序及出厂试验等主要节点要求，并组织供应商提报排产计划。

项目单位对于生产进度滞后的供应商，根据问题严重程度及工程进度紧迫程度，可采取函件催交、约谈、驻厂催交、召开专题协调会和违约处罚等形式督促供应商加强生产管控，以满足现场需求。甲供设备安装调试期间，项目单位应储备充足的备品备件，保证设备及时消缺、工程进度和设备安全。

四、甲供设备进场交接管理

甲供设备在完成制造和出厂验收后，项目单位物资管理部门依据供应计划向供应商发出书面发货通知，同时抄送监理单位、安装施工单位、监造单位（如有）。供应商在发货前向项目单位物资管理部门提交发货明细、装箱明细、资料明细和运输信息等，如有大件设备，供应商应提前做好运输线路踏勘。

监理单位根据运具、设备尺寸、重量提前组织做好场内沿线清障，组织安装施工单位在设备运抵前就位卸车所需的人力、物力，检查特种作业人员持证情况、卸车机具是否符合安全要求。设备到达工程现场后，监理单位负责协调、引导甲供设备在场内运输至既定地点。

监理单位监督指导施工单位安全、及时、文明卸车，避免卸车对设备产生损坏。设备完成卸车后，由项目单位组织监理、施工单位和供应商进行联合外观验收，检查裸件、捆件和箱件数量是否与送货信息一致，检查货物外包装是否有浸湿、变形或破损情况，根据检查情况做好交接记录。某抽水蓄能电站工程某批次甲供设备到货交接记录单如表 8-1-5 所示。

五、甲供设备开箱验收管理

甲供设备质量直接关系到抽水蓄能电站的安全生产和经济效益，对于大型抽水蓄能电站工程，涉及的设备种类众多，设备进场后的开箱验收是把控设备质量的重要环节。

表 8 - 1 - 4 　某抽水蓄能电站工程甲供设备月度需求计划表

施工单位（章）：××机电安装有限公司××抽水蓄能电站机电安装工程项目部

时间：2021 年 5 月 6 日

序号	项目信息						已供	本期需求信息		
	分部分项工程名称	图号	设备名称	规格型号	计量单位	总安装量	应量	本期需求量	进场时间	卸车地点
1	电工一次发电机电压回路设备	H121B - 6D2 - 2 - 1	3 号发电机断路器模块	24kV 12000A	组	6	2	1	2022 年 11 月 30 日前	业主封闭库
2	电工一次发电机电压回路设备	H121B - 6D2 - 2 - 1	3 号发电机换相隔离开关模块	24kV 12000A	组	6	2	1	2022 年 11 月 30 日前	业主封闭库
3	电工一次发电机电压回路设备	H121B - 6D2 - 2 - 1	3 号发电机制动断路器	24kV 13500A	组	6	2	1	2022 年 11 月 30 日前	业主封闭库

施工单位经办人：冲某

监理单位专业审核：林某

业主单位专业审核：刘某

施工单位专业审核：刘某

监理单位专业负责人：陶某

业主单位机电管理部门负责人：飞某

施工单位负责人：夏某

业主单位机电专业分管领导：张某

123

表 8-1-5

工程项目：机电安装工程一水轮机、发电机

到货交接单编号：DHYS-2018-11-019

某抽水蓄能电站工程某批某次甲供设备到货交接记录单（示例）

交接时间：2018 年 11 月 15 日

供应商	某机电有限公司			供货合同			某抽水蓄能有限公司机组及其附属设备采购合同					
安装施工单位	某集团机电建设有限公司 某电站机电安装标项目经理部			安装合同			某抽水蓄能电站机电安装施工合同					
序号	货物名称	设备系统	送货车号	箱号/件号	包装类型	包装情况	包装是否回收	计量单位	发货数量	交接数量	毛重（kg）	存放位置	备注
一	2 号发电机												
1	定子绕组测温电阻	定子装配	豫 N842××	605 号	木箱	良好	否	箱	1	1	200	业主封闭库 3 区	
2	引出线	定子装配	豫 N842××	603 号	木箱	良好	否	箱	1	1	2300	业主封闭库 3 区	
3	号电槽衬	定子装配	豫 N842××	803 号	木箱	良好	否	箱	1	1	200	业主封闭库 3 区	
二	3 号发电机												
1	定子矽形片	定子装配	豫 N842××	321 号-80、84、85、88、89	木箱	良好	否	箱	5	5	8500	业主封闭库 7、8 区	
附	送货单 2 张												

监理单位：和某　　安装施工单位：刘某　　业主单位物资：周某　　业主单位技术：李某　　供应商代表：张某

设备开箱验收分为三个阶段，包括准备阶段、检验阶段和问题处理阶段。

（一）准备阶段

项目单位可委托监理单位组织和主持开箱验收工作，开箱前应做好以下准备工作：根据采购合同，监理单位梳理出检验所需的技术指标和图纸；监理单位确认参与检验人员，主要有项目单位物资管理人员、机电专业人员、监理单位专业人员、施工单位物资和机电专业人员、供应商代表等；施工单位准备开箱所需工具。

（二）检验阶段

甲供设备开箱验收内容为设备硬件和随机资料两部分。

1. 设备硬件

检验人员可按下列项目进行设备硬件的检验检查，并做好检验记录。

检查箱号、箱数以及包装情况；检查设备的名称、规格、型号；检查设备部件的装配是否正确、完整，有无装反、装错和漏装；检查紧固件（螺栓、螺母、卡簧等）是否安装正确、完整及可靠；检查移动零部件是否移动顺畅；检查设备有无缺损件，表面有无损坏、锈蚀和擦痕等；管材要核对材质、规格、管标、压力等级和色标是否一致，管口有无损坏。

开箱验收结束后，由检验组织方据实填写检验记录，检验参与人员共同签署意见。对须恢复内包装的设备或部件，要及时恢复内包装。对于不能马上进行安装的设备应进行回箱处理，利于设备保管。

2. 随机资料

检验人员要审核随机资料的完整性和有效性，审核内容包括以下三个方面：

装箱单一般可作为查验种类、数量的依据。部分厂家装箱单只包含买方的一般要求，因此要把装箱单与采购合同中相应内容、图纸相对照，检验其完整性。

检验合格证、质量报告或实验报告是否完整地填写设备名称、型号、规格、出厂编号、出厂日期等信息，应盖有生产厂家质检章；说明书是否真实、完整地反映设备的结构和使用性能等情况。

特种设备和消防设备的生产厂家须有相应生产资质证书，检验生产设备的时间是否在证书有效期内。

（三）问题处理阶段

甲供设备开箱验收过程中，如发现货物与合同约定不相符，存在损坏、缺陷、数量不足或不符合合同约定的质量要求等问题，检验人员应共同对甲供设备问题进行评定分类，同时对问题设备进行标识和隔离。

检验中如发现资料缺少、零部件缺少问题，项目单位应立即要求供应商补供。

检验中如发现一般质量缺陷可在现场处理完成的，可由供应商在现场完成消缺。

检验中如发现较重大质量问题，项目单位督促供应商提交消缺方案，可召开专题会商议。方案通过后，项目单位（或委托监造单位、监理单位）应跟踪供应商的消缺处理进度，促使供应商及时按照既定方案完成消缺。某抽水蓄能电站工程某批次甲供设备开箱验收记录单如表8-1-6所示。

表 8 - 1 - 6　　**某抽水蓄能电站工程某批次甲供设备开箱验收记录单**

开箱日期：2021 年 11 月 28 日　　　　　　　开箱验收单编号：KXJY - 2021 - 11 - 004

合同名称	地下厂房通风设备购置合同			供应商			某风机设备公司		
施工合同	某抽水蓄能电站机电安装施工合同			施工单位			某机电建设公司某电站机电安装标项目经理部		
序号	箱/件号	设备名称	对应机电工程项目	规格型号	单位	发货数量	实收数量	验收状况	备注
1	JX - 172	高温地铁风机	厂房通风系统	JM3/315M/90 - 6 高温/单项/10 片 - 4 度/卧式不带防喘	台	2	2	合格	
2	捆件	片式消声器	厂房通风系统	ZP - 100/3500×3500/不锈钢（2件/套）	套	2	2	1 套局部变形	
检验情况	1. 开箱验收内容 本次开箱验收地下厂房通风系统设备，包括高温地铁风机 2 台，片式消声器 2 套 2. 参与检验单位及人员 由业主机电部（物流中心）专业人员和物资管理人员、监理工程师、施工单位物资管理人员和专业人员、供应商代表共同参验。 3. 检验结果 a. 2 套消声器局部变形； b. 本合同备品备件及专用工具各 1 套未到货（依据合同条款第 4.21 项）； c. 设备数量与送货单汇总数量相符。 4. 随机资料 a. 高温地铁风机：安装、调试、运行、维护说明书 3 本，合格证 3 张，检验报告 3 张，产品质保书 3 张； b. 消声器：测试报告 1 份（4 张），出厂检测报告 1 张，质量保证书 1 份（4 张）。 附：送货单汇总 1 张								
监理工程师：周某									
施工单位专业人员：吴某　　　　施工单位物资管理人员：刘某									
供应商代表：张某									
项目单位专业人员：李某　　　　项目单位物资管理人员：赵某 项目单位仓储服务单位：王某									

六、甲供设备的移交管理

（一）甲供设备的移交

甲供设备开箱验收合格后，项目单位依据分部分项甲供设备（分批次）月度供应计划向施工单位移交甲供设备并办理移交单。双方在办理交接时，再次对移交设备规格、型号、数量进行清点。

项目单位留存甲供设备随机资料原件，向施工单位移交随机资料扫描件或复印件。

备品备件、专用工器具、检测和试验设备以项目单位自主保管为宜。该类物资体积小、较精密，若移交施工单位保管，其仓库一般为临时设施，保管条件不完善，且施工单位重视程度不高，容易造成损坏或遗失现象。同时，施工单位在设备安装过程中，会出现因操作失误造成零部件损坏的情况，若备品备件委托施工单位保管，易发生擅自挪用的现象。

实行退库和核销制度。如果由于材料节约和设计变更等情况施工单位领用的甲供设备有结余时，必须办理退库手续。同时，项目单位机电/工程管理部门要定期会同监理单位、施工单位对实际使用的甲供设备进行核销，发现有超领或结余设备要及时退库。某抽水蓄能电站工程某批次甲供设备出库移交单和退库验收单如表 8-1-7、表 8-1-8 所示。

表 8-1-7　　　　　某抽水蓄能电站工程某批次甲供设备出库移交单

设备名称：2 号水轮机机坑里衬

出库移交时间：2020 年 6 月 27 日

出库单编号：CKYJ-2020-06-004-3/4

序号	箱/件号	设备名称	规格型号	图号	单位	需要数量	移交数量	备注
1	11 号	机坑里衬上段 1/2 瓣	7170×3585×1785	1S15348	件	1	1	
2	12 号	机坑里衬上段 2/2 瓣	7170×3585×1785	1S15348	件	1	1	
3	13 号	机坑里衬中段 1/2 瓣	7180×3590×1760	1S15349	件	1	1	
4	14 号	机坑里衬中段 2/2 瓣	7180×3590×1760	1S15349	件	1	1	
5	15 号	机坑里衬下段 1/2 瓣	7064×3523×3160	1S15350	件	1	1	
6	16 号	机坑里衬下段 2/2 瓣	7064×3640×3160	1S15350	件	1	1	
7	17 号	钢板（接力器支撑板）	120×1360×1360	1S15347.2	件	2	2	

移交单位：　　　　　　　　　　　　　　接收单位：

某抽水蓄能有限公司　　　　　　　　　　某抽水蓄能电站工程机电安装标项目经理部

移交单单位库管员：赵某　　　　　　　　接收人：刘某

移交单单位机电专业人员：李某

表 8-1-8　　　　　某抽水蓄能电站某批次甲供设备退库验收单

验收日期：2020 年 7 月 3 日　　　　　　　验收地点：业主封闭库

退库单位		××机电安装有限公司 ××抽水蓄能电站机电安装工程项目部		标段		机电安装工程	
序号	物资编码	物资名称	规格型号	单位	退库数量	工程项目	技术鉴定情况
1	500025689	不锈钢球阀	DN50	个	1	机电安装工程	完好

安装单位：邓某　　监理单位：吴某　　项目单位专业管理人员：李某　　项目单位物资管理人员：韩某

（二）专用工器具管理

机电设备安装离不开各种工器具，一般情况下通用、常用工器具由安装施工单位自行解决，部分专用定制工器具由项目单位纳入设备采购中一并采购并提供给安装施工单位使用，甲供工器具范围应在机电设备安装合同中明确。

在设备安装过程中，施工单位如需使用甲供专用工器具、检测和试验设备等，应向监理单位、项目单位提交借用申请单，写明使用项目、计划归还时间等，经监理单位、项目单位审核批准后方可借用。施工单位借用工器具在使用完毕后，项目单位应及时回收，并开展退库验收；如由于施工单位保管不善或者使用不当导致借用工器具损坏的，应由施工单位负责修复或者赔偿。

基建期随设备采购的工器具按用途可分为基建安装期间专用、生产检修专用两种。基建期专用的机组埋入部件安装专用工具（含试验工具）如蜗壳打压闷头、挡水内圈（封水环）仅在安装过程中使用，电站进入生产期后不再使用，该类工具可处置回收资金；该类工具也可以在机组设备采购合同中约定为租赁式，使用完成后，由机组设备制造商回收（厂家回收改装后，可以利用到其他水电项目），如此可以节约工程建设成本。

（三）备品备件管理

基建期随设备一并采购的备品备件是为生产期储备的，同时也可在设备安装、调试期间应急使用，采购量可参照国网新源控股基建期备品备件指导定额进行采购。基建安装期如发生备件消耗，应在投产前补库。

在机电设备安装、调试过程中，易出现由于操作失误或者设备本身原因导致零部件损坏，此时为保证安装进度，项目单位可以先借用备品备件供施工单位或调试单位使用，事后根据设备损坏责任划分由施工单位、调试单位或供应商承担费用或新购备品备件。

施工单位或调试单位如需借用备品备件，需向监理单位、项目单位提交借用申请单，说明借用缘由，监理单位、项目单位审核批准后方可借用。某抽水蓄能电站甲供工程物资借用申请单如表 8-1-9 所示。

表 8-1-9　　　　　　　　某抽水蓄能电站甲供工程物资借用申请单

借用单位（章）：××机电安装有限公司××抽水蓄能电站机电安装工程项目部

类别	专用工具		工程项目		机电安装工程	
用途			引水系统打压试验用			
序号	物资名称	规格型号	单位	申请数量	拟归还时间	备注
1	打压闷头	1S65457	个	1	2020 年 5 月	
借用单位			负责人：周某　　　经办人：王某　　　时间：2020.2.13			
监理单位			负责人：邓某　　　经办人：李某　　　时间：2020.2.13			
项目单位机电管理部门			负责人：王某　　　经办人：刘某　　　时间：2020.2.13			

七、甲供设备临时仓储保管

为减少甲供设备场内二次倒运，统一甲供设备在现场的临时仓储保管，节约工程成本。一般情况下，项目单位和施工单位会在施工合同中约定甲供设备进场后，由施工单位负责甲供设备的临时保管。

（一）临时保管场地的规划与选取

抽水蓄能电站工程一般位于山区，红线范围内地形复杂，天然地形较好场地一般优先用于生产建筑、营地等永久设施建设，用于甲供设备临时保管的场地甚少，同时抽水蓄能电站工程设备数量庞大，因此，甲供设备临时保管场地紧张是工程项目中普遍遇到的一个难题。为解决该问题，可以从以下几个方面入手。

（1）合理规划施工总布置图。项目单位可以要求设计单位测算工程季度或年度甲供设备吞吐量，合理规划甲供设备临时保管场地，同时在建设工程中根据工程进度变化进行动态调整。

（2）项目单位永久仓库可以提前完成建设，将部分永久仓库区域划为甲供设备出库暂存区，用于存储要求较高的甲供设备出库后的临时存放。

（3）项目单位在风险可控情况下，合理规划甲供设备的进场时间，避免甲供设备太过超前进场或委托供应商厂内临时保管。对于部分按成套交货的大型设备，可在设备安装基础完成时，由供应商直接运输至施工现场，如主变压器设备，供应商直接运输至主变压器室，施工单位直接卸车至设备安装基础上。

（4）项目单位可以自行或委托施工单位就近租赁仓库或临时场地，用于设备临时保管。

（二）甲供设备的临时保管

甲供设备的到货时间与安装时间的时间差为甲供设备的临时仓储保管期。甲供设备在临时仓储期间的保管、检查、维护将直接影响设备的安装和性能。永久机电设备仓储要做到安全储运，保证在库设备完好。

施工单位进场后，按照施工总布置规划建设临时设备仓库，可包含露天堆场、棚库、封闭仓库或恒温恒湿库，场地周围及场内应做防洪、排水、消防等保护措施。施工单位应设置专职管理人员和仓储保管员，负责临时仓库的运行和设备必要的保养工作，建立临时仓库运行管理制度，建立甲供设备领用、保管和使用台账。

监理单位定期监督、指导施工单位临时仓储保管工作。监督检查施工单位仓储管理制度建立和仓储人员落实情况，定期对临时仓库进行盘点，检查设备保管、出入库和库存情况。由于是临时仓库，需特别关注临时仓库的结构安全。

八、甲供设备随机资料管理

甲供设备随机资料是供应商随设备一同交付的，能反映设备质量和性能是否能满足设计和使用要求的各种质量文件及相关文件。随机资料一般有设备出厂质量文件、使用和维护说明、图纸等，在工程档案管理中占有重要地位。

（一）甲供设备随机资料收集注意事项

甲供设备随机资料是日后设备运行、维护检修不可缺少的依据性文件。随机资料的收集工作是甲供设备管理中的难点之一，资料缺失是随机资料管理工作中最易出现的问题之一，造成资料不齐全的主要原因有以下几个：供应商分散提交或者单独邮寄随机资料；供应商的疏忽造成设备技术资料虽然随设备一起到，但是不完整，特别是设备电子资料经常会有遗忘；机电设备安装高峰期，甲供设备会比较集中批量到达，设备到货检验的工作量大，检验人员为保证设备安装进度更侧重于设备本身的检验，忽视了随机资料验收的重要性。

（二）甲供设备随机资料收集

设备交付时，项目单位可以要求供应商提供随机资料清单，并分类单独装箱，随设备成套交付，避免分散提交或者邮寄提交。

将随机资料的完整性、准确性作为设备是否通过开箱验收的必要条件，同时也作为设备到货款支付条件之一。如有资料有误或缺少情况，项目单位应及时催促供应商整改或补交。

随机资料通过验收后，可由项目单位物资管理部门统一收取并在3日内及时移交本单位档案管理部门。

甲供设备随机资料由项目单位档案部门统一保管和分发。为防止原件遗失，档案部门只分发资料复制件。

九、甲供设备台账管理

甲供设备台账能够准确反映甲供设备交付和发放情况、投资进度，是竣工决算和设备转资的重要支撑性文件之一。甲供设备台账内容包含设备名称、规格型号、采购价格、进场数量、进场时间、开箱验收时间、验收情况、供货单位、采购合同、对应系统、对应工程项目、发放数量、领用施工单位、发放时间等内容。甲供设备台账按照安装设备、备品备件、专用工具、仪表和试验设备的分类分别建立。

第二节 工程甲供材料管理

抽水蓄能电站工程施工材料分甲供和乙供两种管理模式。工程材料采用甲供方式，可以有效保证材料和工程质量，节约工程成本，本节主要介绍甲供模式中甲供材料管理内容，主要有甲供材料管理概述、需求计划管理、到货验收、材料检测、不合格材料的处理、临时保管、使用跟踪管理和台账管理八部分内容。

一、甲供材料管理概述

（一）甲供材料的概念

甲供材料是指由项目单位自主采购，提供给施工单位使用的用于工程建设的材料，主要包括压力钢板、铜止水、水泥等。由于是自主采购，项目单位可以有效管控甲供材料质量，避免施工单位赚取材料价差，节约工程成本。

工程材料采用甲供方式给项目单位带来了一定的供应及管理压力，同时由于施工单位不再为工程材料垫资，材料使用过程中易出现浪费现象。

（二）甲供材料管理内容

甲供材料管理的成效关乎工程质量、进度和成本。甲供材料管理内容包括需求计划管理、到货验收、检测、临时仓储保管、使用跟踪和台账管理等内容。

（三）参建各方管理职责

在抽水蓄能电站工程中，参与甲供材料管理的主体有项目单位、监理单位、施工单位和供应商。各方管理职责如表 8-2-1 所示。

表 8-2-1 各方管理职责

参建方	管理职责
项目单位	审核施工上报的甲供材料需求计划,负责甲供材料的采购、组织进场、不合品处置和按施工合同约定按时移交施工单位
监理单位	审核施工上报的甲供材料需求计划,组织甲供材料到货验收,监督施工单位甲供材料送检工作,监督和指导施工单位甲供材料的保管和使用工作
施工单位	根据工程进度计划,上报甲供材料需求计划;负责甲供材料的卸车、领用、送检、临时保管,建立甲供使用管理台账
供应商	按采购合同约定,履行甲供材料的按期保质保量供货义务和售后服务

二、甲供材料需求计划管理

甲供材料计划是根据施工合同、进度计划、图纸和材料单耗预测的材料消耗量,计划内容包括工程项目名称、材料名称、规格型号、需求数量和需求时间等。甲供材料需求计划管理包括总需求计划、年度需求计划、月度(批次)需求计划等内容。

(一)总需求计划

项目单位在策划工程分标规划时确定甲供材料范围并预估甲供材料的总数量;该预估量一般作为项目单位甲供材料招标采购的依据。

标段施工单位进场后,根据施工合同约定的甲供材料范围和施工组织设计,编制标段甲供材料总需求计划并报送监理单位。监理单位、项目单位分别对总需求计划进行审查。标段甲供材料总需求计划是项目单位策划该标段甲供材料供应工作的依据。某抽水蓄能电站工程甲供材料总需求计划表如表 8-2-2 所示。

表 8-2-2 某抽水蓄能电站工程甲供材料总需求计划表

目名称:××抽水蓄能电站引水系统工程

施工单位(章):××工程建设有限公司××抽水蓄能电站引水系统工程项目部

序号	材料名称	规格材质	单位	总需求量	年度需求量			备注
					2018 年	2019 年	2020 年	
1	钢板	800MPa	t	8520	2300	4670	1550	

施工单位编制:李某　　　施工单位审核:韩某　　　施工单位主管:王某

标段监理工程师:周某　　　总监理工程师:邓某　　　项目单位工程管理部门负责人:刘某

项目单位物资管理部门负责人:吴某　　　项目单位分管领导:赵某

(二)年度需求计划

施工单位在年底依据批复的年度工程进度计划编制下一年度甲供材料年度需求计划并报送监理单位。监理单位、项目单位分别对甲供材料年度需求计划进行审查。甲供材料年度需求计划是项目单位策划年度甲供材料供应工作的依据。某抽水蓄能电站甲供材料年度需求计划表如表 8-2-3 所示。

表 8-2-3 某抽水蓄能电站甲供材料年度需求计划表

工程名称：上下水库工程

施工单位：××工程建设有限公司××抽水蓄能电站引水系统工程项目部 日期：2020 年 12 月 19 日

序号	分部分项工程	材料名称	规格材质	单位	数量	分月用量（需用时间）												备注
						1月	2月	3月	4月	5月	6月	7月	8月	9月	10月	11月	12月	
1	下库大坝面板	水泥	P 42.5	t				500	1220	1500	1500	650						
2	下库防浪墙	水泥	P 42.5	t									560	1600	720			

施工单位编制：李某　　　　　　施工单位审核：于某　　　　施工单位主管：赵某

标段监理工程师：周某　　　　　总监理工程师：邓某　　　项目单位工程管理部门负责人：赵某

项目单位物资管理部门负责人：吴某　　项目单位分管领导批准：于某

（三）月度（批次）需求计划

甲供材料月度（批次）需求计划是施工单位对一个月（或特定时间内）施工所需甲供材料数量的预测，内容包括分部分项工程名称、材料名称、规格材质、单位、库存量、需求数量、需用时间等内容，对计划的准确性要求更高。施工单位应根据施工进度计划、图纸、材料生产周期、运输周期、检测周期、材料库容量、现有库存量等计算下月（或下个批次）材料需求量和到货时间，如材料是分批分期到货的，需注明每一批次的到货数量和日期。材料名称以材料的行业统一名称为准，不使用简称、别称及俗称等，规格及型号也应以国家或行业统一标准为准。某抽水蓄能电站甲供材料月度（批次）需求计划表如表 8-2-4 所示。

表 8-2-4 某抽水蓄能电站甲供材料月度（批次）需求计划表

工程名称：上下水库工程

施工单位：××工程建设有限公司××抽水蓄能电站机电安装工程项目部 日期：2020 年 12 月 22 日

序号	分部分项工程名称	材料名称	规格材质	单位	库存量	需求数量合计	需用时间（根据需要插入时间）			备注
							4月 1～10 日	4月 1～10 日	4月 1～10 日	
1	下库大坝面板	水泥	散装 P 42.5	t	35	1500	500	500	500	

施工单位编制：李某　　　　　　施工单位审核：于某　　　　施工单位主管：赵某

标段监理工程师：周某　　　　　总监理工程师：邓某　　　项目单位工程管理部门负责人：刘某

项目单位物资管理部门负责人：吴某　　项目单位分管领导批准：于某

项目单位可与施工单位约定统一的甲供材料月度（批次）需求计划上报时间。对供货周期短的甲供材料，如钢筋、水泥等，可要求施工单位每月 20 号前上报下月甲供需求计划；对供货周期较长的甲供材料，可要求施工单位提前 1.5 个供货周期上报下一批次需求计划。监理单位、项目单位在施工单位上报月度（批次）需求计划后5日内完成审查。若由于施工单位在约定时间内滞后上报计划，导致材料供应不及时影响施工，造成的损失应由承包商承担。

三、甲供材料到货验收

项目单位根据甲供材料月度（批次）计划及时书面通知材料供应商组织材料供应，跟踪协调材料及时进场。

材料到达施工现场后，由监理单位组织项目单位、施工单位、供应商代表共同验收并做好验收记录。首先，检查材料的外观形状，包括其包装、标识是否完好、合格；其次，检查同一批进场的产品型号、规格是否一致，防止质量不同的产品混进场；再次，检查产品的出厂合格证、检验报告等是否齐全，若资料不齐全应及时向供应商索取，资料补齐后方可办理验收手续；最后，按采购合同约定方法对材料进行计量，施工合同中约定的施工单位领用甲供材料的计量单位应与项目单位甲供材料采购合同计量单位保持一致。

为避免材料二次倒运，节约工程成本，材料通过到货验收后，由施工单位卸车至其材料仓库，项目单位根据批准的甲供材料月度需求计划及时移交施工单位。

某抽水蓄能电站甲供材料到货验收单格式如表8-2-5所示。

表8-2-5　　　　　　某抽水蓄能电站甲供材料到货验收单格式

NO：0202004003 收货地点：2020年4月2日

序号	材料名称	规格	单位	出厂数量	过磅/计算数量	重量偏差	合同偏差	实收数量	批次号	备注
1	水泥	散装 P42.5	t	31	31.02	+0.65‰	±3‰	31	F20195	1
质量证明		质量证明书1份，批号F20195								
情况说明		外观良好，无结块，水泥干燥、未受潮								
供应商		××水泥有限公司		施工单位		C1标				
运货车牌		皖B75×××		计量员		韩某				
送货人		李某		收货人		杨某				
监理单位		吴某		项目单位		王某				

注　第一联：物流中心留存；第二联：财务管理部报销联；第三联：监理单位留存；第四联：施工单位留存。

四、甲供材料检测

甲供材料通过到货验收后，施工单位在监理单位见证下于48小时内按规范要求对材料进行抽样，并送第三方检测机构检测。为提升甲供材料质量管控水平，项目单位可委托监理单位按批号数10%的比例对甲供材料进行独立抽检。未经检测或检测不合格的甲供材料承包商不能使用。

五、不合格材料的处理

到货验收阶段发现的不合格甲供材料，由项目单位通知供应商及时组织材料退场。

检测结果为不合格的材料，由施工单位将检测报告报送监理单位，经监理单位、项目单位审核后进行复检，复检仍不合格的，由项目单位通知供应商退货。

由于施工单位保管不善导致已领用甲供材料不能使用的，由施工单位按照材料采购价或施工合同约定的赔偿方法承担给项目单位造成的损失。项目单位可以在施工合同结算款中予以扣除。

六、甲供材料临时保管

甲供材料投料前的临时保管由施工单位负责。施工单位进场后，按照施工布置规划、材料种类建立材料库，如袋装水泥库、水泥料罐、棚库等，场地周围及场内应做防洪、排水、消防等保护措施。施工单位应设置专职管理人员和仓储保管员，负责材料仓库运行和材料必要的保养工作，建立材料仓库运行管理制度，建立甲供材料领用、保管和使用台账。

施工单位应详细记录每批原材料（含甲供材料）的使用部位。

监理单位定期监督、指导施工单位甲供材料仓储保管工作。监督检查施工单位仓储管理制度建立和仓储人员落实情况，每月对已领用甲供材料进行盘点，检查材料保管、出入库、库存情况。

七、甲供材料使用跟踪管理

施工单位应详细记录每批原材料（含甲供材料）的使用部位，施工人员在原材料（含甲供材料）加工前应认真核对和记录原材料的批号，加工好的半成品原材料应挂牌标识，标识具体使用部位或单元工程名称。

为避免施工单位将不合格甲供材料投入使用，施工单位在投料前向监理单位上报材料使用申请，内容包含材料名称、规格、数量、批次号、进场时间、检测报告。监理单位审核该批材料是否检测合格，同时审核是否满足使用时效，按照先进先使用的原则消耗材料。经监理单位核实具备使用条件后，施工单位方可投料。项目单位应会同监理单位定期对甲供材料的设计量、领用量、使用量进行统计分析，是否有材料超耗或欠耗情况。

八、甲供材料台账管理

为更好地进行甲供材料全流程、可追溯管理，项目单位建立甲供材料供应和领用台账，施工单位建立甲供材料使用跟踪管理台账，并每月报监理单位、项目单位备案。

第三节 乙供材料监管

乙供材料监管是项目单位工程项目管理的重要内容，做好乙供材料监管对于有序推进工程进度、保证工程质量、提高工程经济效益具有十分重要的意义。本节主要介绍乙供材料监管概述和乙供材料监管内容两部分内容。

一、乙供材料监管概述

（一）乙供材料的概念

乙供材料是根据施工合同约定，由施工单位自行采购的用于工程项目的材料，通俗来讲乙供材料就是包工包料中的"料"。相对于甲供材料，施工单位对乙供材料的管理、质量负有直接责任。

（二）抽水蓄能电站建设乙供材料种类

抽水蓄能电站建设项目中，除高强钢板、铜止水、接地材料等，其他工程材料以乙供方式为主。乙供材料按化学成分划分为无机非金属材料、金属材料、有机质材料和复合材料等。

无机非金属材料主要有砂石骨料、水泥、石灰、粉煤灰、烧土制品、装修装饰石材等；金属材料主要有钢铁材料及各种有色金属；有机质材料主要有木材、沥青、合成高分子材料等；复合材料主要有各类规格混凝土、玻璃钢等。

（三）乙供材料监管内容

相对于甲供材料，项目单位省去了乙供材料采购和仓储保管工作，施工单位对乙供材料的质量和使用负有直接责任。乙供材料监管主要侧重准入管理、质量监管、使用监管、档案监管和台账监管。

（四）参建方管理职责

在抽水蓄能电站工程中，参与乙供材料管理的主体有项目单位、监理单位和施工单位。各方管理职责如表8-2-1所示。

表 8-3-1　　　　　　　　　　　　各方管理职责

参建方	管理职责
项目单位	审核施工单位重要乙供材料的进场报验信息，监督、检查监理单位对工程乙供材料的管理工作
监理单位	审核施工单位乙供材料的进场报验信息，参与乙供材料进场验收，监督指导施工单位乙供材料的送检、使用工作，监督指导工程第三方实验室乙供材料检测工作
施工单位	材料进场前向监理单位上报进场报验信息，组织乙供材料保质保量进场，开展材料进场的送检工作

二、乙供材料监管内容

乙供材料监管主要包含乙供材料准入管理、乙供材料质量监管、乙供材料使用监管、乙供材料档案与台账监管。

（一）乙供材料准入管理

施工单位须按国家标准、行业标准、施工合同约定和设计文件选用符合要求的乙供材料。施工单位在一种乙供材料首次进场前需向监理单位上报乙供材料进场前报验信息，对于影响工程质量的关键原材料或影响工程面貌的装修装饰材料，监理单位审核后再报送项目单位审核。乙供材料进场前报验信息内容包括乙供材料的名称、规格、适用技术标准、产品检验报告、生产厂家资质业绩、生产许可和产品样品等内容。施工单位报送的样品由监理单位负责封样和保管，用于材料进场验收中的比对。

（二）乙供材料质量监管

乙供材料质量监管包括进场验收和材料抽检两个环节。

1. 进场验收

每批乙供材料进场时，由施工单位、监理单位共同对材料进行进场验收。验收内容有产品名称、数量、规格型号、厂家品牌、发货清单、包装情况、视觉质感、合格证和检验报告等，并与封样的样品进行对比。若材料未通过进场验收，施工单位应及时将不合格材料退场。对于影响工程质量的关键原材料或影响工程面貌的装修装饰材料，项目单位物资管理人员、工程专业技术人员可参加材料进场验收。

2. 材料抽检

对于需抽检的材料，施工单位应在监理单位见证下进行取样、送检。若检测不合格，监理单位应立即督促施工单位对不合格材料进行隔离、张贴封条，并及时退场。对工程主要原材料和对于影响工程质量的关键原材料或影响工程面貌的装修装饰材料，项目单位委托监理单位可按10％比例进行独立抽检。

（三）乙供材料使用监管

1. 乙供材料的保管

进场检测合格的乙供材料在投料前，有一定的仓储保管期，施工单位在此期间如果保管不善可能会造成材料的质量缺陷。监理单位应监督施工单位建设合适的材料库房，完善相应的保管措施，每月对施工单位材料库房进行检查，发现因保管不善造成材料质量缺陷的应及时退场。

2. 乙供材料的使用

经过检测合格的乙供材料，施工单位在投料前向监理单位上报材料使用申请，内容应包含材料名称、规格、数量、批次号、检测报告。监理单位审核该批材料是否检测合格，同时审核是否满足使用时效，如水泥在生产后3个月内仍未使用的应重新进行质量检测。

经监理单位核实具备使用条件后，施工单位方可投料。

（四）乙供材料档案与台账监管

1. 乙供材料档案

工程材料档案是工程物资档案的重要组成部分，乙供材料档案包括材料进场报验资料、进场验收资料、产品质量证明文件、检测报告等资料。乙供材料档案由施工单位整理收集，在单项工程竣工时移交项目单位。部分施工单位物资档案管理工作比较粗糙，对项目单位档案管理要求不清楚，因此在项目建设初期，项目单位应加强对施工单位物资档案管理宣贯，项目单位、监理单位加强对施工单位物资档案工作的检查和指导。

2. 乙供材料台账

抽水蓄能电站工程乙供材料种类、数量繁多，建立从进场、检测到使用的全流程跟踪管理台账，可准确、便捷反映出材料信息，并实现信息的可追溯。

乙供材料检测与使用台账由施工单位负责建立，并按日更新，按月报备监理单位。台账内容包含材料名称、规格、数量、批次号、进场抽检编号、抽检时间、检测报告编号、检测关键指标数值、使用部门等内容。

第四节　工程物资管理案例

【案例8-4-1】 甲供设备供应计划不合理

一、背景描述

某抽水蓄能电站工程机电安装施工合同中约定，地下厂房照明电缆敷设工程的电缆及电缆终端由甲方提供。施工单位专业工程师王某在电缆敷设工程开工前，向监理单位提交了厂用照明系统甲供电缆供应计划，显示有A规格电缆5km、B规格电缆8km，监理工程师张某、项目单位专业工程师李某审核批准了该供应计划，并在电缆敷设开始前完成了该批电缆供应。电缆敷设过程中，王某向监理工程师张某提出，需甲方提供电缆终端，在电缆终端进场前，无法及时完成电缆敷设。

二、存在问题

电缆敷设工程已开工，甲供电缆终端未及时进场，导致工程进度滞后。

三、原因分析

一是施工单位王某在申报地下厂房照明电缆敷设工程的甲供电缆供应计划时，未将电缆终端列入供应计划，导致该工程甲供设备供应计划不全。

二是监理单位张某、项目单位李某对施工单位上报的甲供设备供应计划审核不严，未发现电缆终端未列入供应计划的遗漏，导致甲供设备供应不及时。

四、解决措施

甲供设备供应计划编制人员、审查人员应熟悉工程甲供设备范围，主要依据工程量清单、施工图编制、审查甲供设备供应清单。

五、结果评析

甲供设备供应计划的准确性，直接关系到机电工程的进度目标。为避免类似问题发生，就要求甲供设备供应计划的编制和审核人员，应提前熟知施工合同甲供范围、工程量清单和施工图纸等内容，注重计划的齐全性、准确性。

【案例 8-4-2】　乙供材料监管不到位

一、背景描述

某抽水蓄能电站下水库灌浆项目所需袋装水泥为乙供，2020 年 10 月施工单位在灌浆作业前向监理单位上报了材料使用申请，其中显示某个批号袋装水泥进场时间为 2020 年 8 月，该批号水泥进场抽检合格。监理工程师注意到，该批袋装水泥进场已有 2 个月，前往该施工单位材料仓库检查该批水泥质量情况。现场发现堆放该批水泥的料棚有漏雨现象，部分水泥已结块，显然已无法使用。监理工程师驳回了该批水泥的使用申请，并责令施工单位将该批水泥清理出场。

二、存在问题

施工单位水泥料棚防雨设施不完善。

三、原因分析

施工单位搭建的水泥料棚防雨设施不完善，对库存材料保管工作不到位。

四、解决措施

施工单位应根据材料的保管要求建立材料仓库，仓库应做有必要的防雨、防潮、排水措施。监理单位定期检查施工单位库房是否满足仓储要求，检查库存材料保管是否妥善。

五、结果评析

工程乙供材料现场仓储保管不善，会直接影响到材料质量。为避免类似问题发生，就要求施工单位在项目前期就建设好材料仓库，并采取必要的保管措施和保养措施。同时，监理单位要定期检查指导施工单位的材料保管工作，对因保管不善造成质量缺陷的材料，要及时清理退场。

【巩固与提升】

1. 简述分部分项工程甲供设备月度供应计划的内容。
2. 简述甲供设备开箱验收前的准备工作。
3. 简述甲供设备开箱验收过程中发现设备异常的处理方式。
4. 简述编制甲供材料月度（批次）需求计划的主要依据。
5. 简述监理单位、项目单位审核施工单位上报的乙供材料进场报验信息的内容。

第九章 废旧物资管理

废旧物资管理是物资管理的重点和难点，规范废旧物资管理，有助于合理利用现有物资资源、盘活资产、降低成本，防范物资管控风险，提高经济效益。本章主要介绍废旧物资管理概述、报废物资管理、退役退出实物再利用和废旧物资管理案例分析四部分内容。

	学习目标
知识目标	1. 理解废旧物资管理的基本概念 2. 掌握废旧物资管理原则、熟悉废旧物资管理流程 3. 熟知废旧物资档案和信息管理要求
技能目标	1. 了解固定资产报废、固定资产局部报废、非固定资产报废（含库存物资报废）、重点低值易耗品报废等物资报废审批流程，掌握报废物资收发存管理以及退役退出实物再利用管理 2. 熟练掌握废旧物资收、发、存作业管理，正确使用物资仓储管理信息系统
素质目标	提升仓储管理人员服务水平，强化废旧物资管理意识

第一节 废旧物资管理概述

本节主要包括废旧物资管理基本概念、废旧物资管控内容、报废物资处置方式、废旧物资管控原则和废旧物资全过程管控信息系统五部分内容。

一、废旧物资管理基本概念

（一）废旧物资的概念与分类

废旧物资包括报废物资和再利用物资。

1. 报废物资

报废物资是指办理完成报废手续的固定资产、流动资产、低值易耗品及其他废弃物资等。

报废物资可分为有处置价值、无处置价值和特殊性报废物资三类。

（1）有处置价值的报废物资是指处置收益较高且处置成本（包括报废物资回收、保管、评估、销售过程中发生的运输、仓储、人工、差旅等费用）相对较低的报废物资。主要包括废旧水轮发电机组、变压器、断路器、阀门、铁塔、导线、电缆等。

（2）无处置价值的报废物资是指处置收益较低且处置成本相对较高的报废物资。主要包括报废办公耗材、办公家具、电缆盖板、绝缘子等。

（3）特殊性报废物资是指国家法律、法规规定有专项处置要求的具有危险性、污染性及其他特殊性的报废物资。主要有：

1）列入《国家危险废物名录》的危险、污染性报废物资，如废化学试剂、废铅酸蓄电池等；列入《废弃电器电子产品处理目录》的报废物资，如空调、电视机、热水器、洗衣机类电器产品，传真机、打印机等办公类电子产品（不含存储介质）；列入《废电池污染防治技术政策》中规定的废锂离子电池等报废物资。

依据《中华人民共和国固体废物污染环境防治法》等法律法规，在确保满足当地环保有关规定要求的前提下，项目单位根据报废物资属性，采用招投标（采购）或无害化处置方式。蓄电池、电视机等有处置价值的报废物资，项目单位宜采用框架协议（招标采购）的方式，委托具备相关资质的第三方或社会公共机构回收处理。废锂电池、废化学试剂等无处置价值的报废物资，项目单位委托经属地环保管理部门认可、具备相关资质的第三方或社会公共机构进行无害化处置，处置费用从本单位成本费用列支。

2）属于国家规定的秘密载体、磁盘介质载体的特殊性报废物资，主要包括涉密计算机和涉及重要商业秘密的计算机、笔记本电脑、服务器和数码复印机等设备中的存储介质；属于商用密码产品的特殊性报废物资（包含密码机、加密机、加密认证装置等）。由实物资产使用（保管）部门按国家和企业有关保密规定在处置前对存储介质及数据进行清理，并经本单位信息保密归口管理部门确认后，由实物资产管理部门按保密工作要求采取销毁方式处理，处置费用从本单位成本费用列支。属于商用密码产品的，还需向国家密码管理机构备案。

3）国家强制性管理的报废车辆，由实物资产管理部门组织实物资产使用（保管）部门按照《报废汽车回收管理办法》和《机动车强制报废标准规定》，依据当地车辆报废有关规定进行处置。达到《机动车强制报废标准规定》强制报废条件的，采用就近原则选择车辆登记所在地公安机关指定回收企业拆解处理；未达到《机动车强制报废标准规定》的强制报废条件，但车辆继续使用的维修成本较高，经批准退役的，按照批复的处置方式（如调拨、转让）或授权项目单位竞价处置；采用竞价处置的，选择从事企业国有资产交易业务的地方产权交易机构进行公开拍卖。

4）属于环保监管范围的其他特殊性报废物资，包括退役（退出）透平油、绝缘油、灭火器（弹）、SF_6 气瓶（装有 SF_6 气体）等。

有处置价值的，可以通过竞价或招标采购方式，委托具备相关资质的回收商回收处理；也可以在新品购置时，明确处置要求，完成处置；还可以通过框架协议回收方式完成处置。

无处置价值的，项目单位委托经属地环保管理部门认可、具备相关资质的企业或机构回收处理，处置费用从本单位成本费用列支。

2. 再利用物资

再利用物资是指经技术鉴定为可使用的退役退出实物。

（二）退役退出实物的概念与分类

退役退出实物包含退役资产和退出物资。

退役资产是指由于自身性能、技术、经济性等原因退出运行或使用状态的固定资产性实物。退出物资是指库存物资、结余退库物资、成本类物资等非固定资产性实物。

（三）移交

移交是指实物使用（保管）部门在完成报废审批手续后，与物资管理部门之间的报废物资实物入库移交。

（四）交接

交接是指在报废物资处置合同签订后，项目单位与回收商之间的实物交接。

二、废旧物资管理内容

废旧物资管理包括计划管理、技术鉴定、报废审批、拆除回收、移交保管、竞价处置、资金回收、实物交接，以及再利用物资入库保管、利库调配和账务处理等全过程管理。

三、报废物资处置方式

报废物资处置方式根据其类别、特性不同，分为竞价处置和无害化处置。

（一）竞价处置

竞价处置包括拍卖、招投标（采购）以及国家法律、行政法规规定的其他方式，主要是用于处置有价值的一般性报废物资和特殊性报废物资。根据不同的组织方式，报废物资竞价处置可分为集中竞价处置和授权竞价处置（现场处置）两种方式。

集中竞价处置是指通过 ECP 集中处置，包括招标采购和集中拍卖两种方式，其中招标采购方式主要用于涉及拆除工程的有处置价值的报废物资、回收价值高且具备区域集中处置的特殊性报废物资，而集中拍卖是指在 ECP 再生资源交易专区进行集中拍卖。

授权竞价处置是指为降低处置成本、提高处置成功率，将某些特定报废物资竞价处置授权给项目单位组织实施的处置，包括特殊性报废物资和年度同类报废物资评估值汇总低于一万元的报废物资。采用竞价方式处置报废物资，需同时满足《企业国有资产交易监督管理办法》的有关规定。

（二）无害化处置

无害化处置主要用于处置无价值的一般性报废物资和特殊性报废物资。在符合安全、环境保护等相关要求前提下，项目单位可自行实施无害化处置，也可委托具备相关资质的第三方或社会公共机构回收处理，处置费用由本单位成本费用列支。

四、废旧物资管控原则

废旧物资管理遵循"依法合规、协同高效、集中处置、闭环管控"原则。报废物资处置坚持"公开、环保"原则。

五、废旧物资全过程管控信息系统

国网新源控股通过 ERP、WMS 和 ECP 建设废旧物资全过程管控信息系统，包含 ERP 固定资产报废、非固定资产报废模块，WMS 废旧物资管理模块，ECP 再生资源交易专区，通过信息化系统对废旧物资报废审批、技术鉴定、实物移交、入库保管、报废物资处置、出库等环节实施全过程的信息化管理。

第二节　报废物资管理

报废物资管理是废旧物资管控的主要内容包括物资报废、移交保管、处置交接等环节，要做到报废手续齐全、处置有据可依、合同规范执行，规避废旧物资管理中的风险。本节介绍废旧物资计划管理，退役退出实物报废审批，实物拆除、移交与保管，成本费用管理、报废物资处置流程、报废物资资金回收、废旧物资档案和信息管理七部分内容。

一、废旧物资计划管理

（一）物资报废原因

1. 资产类物资报废原因

资产类物资报废原因如下：运行日久，其主要结构、机件陈旧，损坏严重，经鉴定再给予大修也不能符合生产要求，虽然能修复但费用太高，修复后可使用的年限不长，效率不高，在经济上不可行；腐蚀严重，继续使用将会发生事故，又无法修复；严重污染环境，无法修复；淘汰产品，无零配件供应，不能利用和修复，国家规定强制淘汰报废，技术落后不能满足生产需要；存在严重质量问题或其他原因，不能继续运行；进口设备不能国产化，无零配件供应，不能修复，无法使用；因运营方式改变全部或部分拆除，且无法再安装使用；遭受自然灾害或突发意外事故，导致毁损，无法修复。

2. 库存物资报废原因

库存物资报废原因如下：淘汰产品，无零配件供应，不能利用；国家规定强制淘汰报废；技术落后不能满足生产需要；经鉴定存在严重质量问题或其他原因，不能使用；超过保质期的物资。

3. 非固定资产报废原因

可参照固定资产报废原因填写，以项目为基础按照物资属性展开陈述。

（二）退役退出计划编制

电站基本建设、生产大修技改、信息化建设等项目可研阶段，实物使用（保管）部门提前开展拟退役资产实物清点，编制"拟退役资产（设备/材料）清单"，并向实物资产管理部门提供拟退役资产基础资料，包括设备/材料的主要参数（设备编码、资产编号、设备型号、投运日期等）。

实物资产管理部门组织开展技术鉴定，履行内部审批手续，明确拟退役资产再利用或报废处置意见。

项目管理部门在编制项目可行性研究报告或项目建议书时，结合前述技术鉴定结果，提出拟退役资产（设备/材料）清单和处置建议，并将拆除、回收等费用列入可研估算。

项目管理部门组织设计单位（如有）在项目初步设计阶段，依据可研阶段确定的拆除原则和概算，审查拆除方案的范围及内容。实物资产管理部门编制拟退役资产（设备/材料）清单，明确拆除资产拟处置方式（报废或再利用），经项目单位内部审查通过后，形成"项目拆除计划"，纳入项目初步设计审查，拆除回收费用按审查意见列入项目概算。

综合计划编制时，实物资产管理部门组织实物使用（保管）部门对固定资产性实物，编制本单位"年度实物资产退役计划"，初步明确拆除资产拟处置方式；对库存物资、工程在建物资、成本类物资等非固定资产性实物，编制本单位"年度实物退出计划"；按照管理权限进行审批。鉴定为报废的退役退出实物经财务管理部门确认后，编制测算报废物资处置相关收支情况，纳入本单位年度预算管理，并报物资管理部门备案。综合计划下达后，对年度退役退出计划分解后严格执行。

退役退出计划结合年度综合计划调整和工作实际情况进行动态完善。因自然灾害、突发电网事故等原因实施的应急抢险工程项目，其产生的拆除资产应采取新增方式，纳入"年度实物资产退役计划"审批管理。

（三）年度报废物资处置计划编制

为确保电站报废物资处置顺利进行，每年 12 月底前，各项目单位依据有关管理要求、结合本单位资产（物资）退役退出计划及实际工作情况，编制下一年度报废物资处置计划。

（四）报废物资处置批次维护

报废物资处置与采购工作一样，也是按批次实施处置的，在报废物资处置前要进行处置批次维护。

集中竞价处置的报废物资需要在集中处置批次实施处置，集中处置批次由国网新源控股物资部门统一制定并在 ERP 中维护，各项目单位按处置批次计划选择相应的处置批次。

授权给各项目单位处置的报废物资，各项目单位根据实际需要在 ERP 自行创建现场（授权）处置批次，一年内每个项目单位在 ERP 中有两个现场处置批次。项目单位在 ERP 启用相应的批次，并维护开始时间和结束时间。在创建废旧物资处置计划时，需在处置批次允许的时间范围内进行。

ERP 系统废旧物资处置计划上报操作简易流程扫描二维码查看。

操作手册名称	ERP 系统废旧物资处置计划上报操作简易流程
角色	仓储人员
主要功能	废旧物资处置计划上报
二维码	

二、退役退出实物报废审批

根据信息系统特点及管理特色，报废审批可分三种情形：固定资产报废、固定资产局部报废和非固定资产报废（含重点低值易耗品报废）；由于各自审批流程不同，提出报废申请时，注意根据物资属性不同选取正确的审批流程。

（一）固定资产报废审批

固定资产报废审批通过 ERP 线上进行。具体流程如下：

（1）实物资产使用（保管）部门在 ERP 设备管理模块创建设备报废通知单，发起报废申请。

（2）设备报废通知单在 ERP 经过实物资产使用（保管）部门、实物资产管理部门（技术鉴定及审核）、财务管理部门、分管领导四级审批。实物资产管理部门审核时需要明确技术鉴定意见，若待报废固定资产未办理技术鉴定，应组织实物资产使用（保管）部门开展技术鉴定，并明确鉴定意见；若部分退役资产在项目可研阶段已经完成技术鉴定，审核时根据技术鉴定结果明确鉴定意见即可。

（3）固定资产报废事项，在 ERP 线上完成实物资产使用（保管）部门负责人审核后，实物资产管理部门牵头履行本单位内部决策程序（以企业内部规定为准）。对于企业内部规定需报上级单位审核审批的固定资产报废事项，有关单位、部门按相关规定执行。

（4）实物资产管理部门依据技术鉴定意见、决策会议纪要和批复文件（如有），通知财务管理部门、本单位有关领导在 ERP 完成报废通知单的后续审批。财务管理部门审批过账时，在 ERP 联动更新资产卡片并打印固定资产报废审批单。

（5）固定资产报废审批单、技术鉴定报告（如有）、决策会议纪要和批复文件（如有）应齐全完整。

（二）固定资产局部报废审批

在实际工作中，存在固定资产组部件局部报废的情况，而每项固定资产仅有唯一一个资产号，目前 ERP 无法对一个资产号反复实施报废操作，因此，固定资产局部报废采用线下审批、线上更新的方式。审批流程如下：

（1）实物资产使用（保管）部门线下填写固定资产局部报废审批单，提出报废申请。

（2）报废审批单经实物资产使用（保管）部门、实物资产管理部门（技术鉴定及审核）、财务管理部门、分管领导四级审批。实物资产管理部门在审核时需要明确技术鉴定意见；若待报废固定资产未办理技术鉴定，应组织实物资产使用（保管）部门开展技术鉴定，并明确鉴定意见；若部分退役资产在项目可研阶段已经完成技术鉴定，审核时根据技术鉴定结果明确鉴定意见即可。

（3）实物资产管理部门牵头履行本单位内部决策程序（以企业内部规定为准），有关要求参照上述固定资产报废审批。

（4）在某项固定资产局部报废审批后，财务管理部门在 ERP 资产管理模块更新资产价值。

（三）非固定资产报废审批

非固定资产报废分在库物资报废和非在库物资报废两种情形。

1. 在库物资报废审批

（1）库存物资报废由物资管理部门（仓储管理部门）牵头组织。物资管理部门每年组织物资需求部门、项目管理部门，对库存物资进行技术鉴定，符合报废条件的，在技术鉴定中明确处理意见。

（2）经鉴定需要报废的在库物资，由物资管理部门在 ERP 线上创建非固定资产报废清册，提出物资报废申请。

（3）非固定资产报废清册经物资需求部门、项目管理部门、财务管理部门、单位领导完成线上审批后，物资管理部门在 ERP 打印非固定资产报废审批表。

2. 非在库物资报废审批

（1）非在库物资报废，由实物使用（保管）部门在 ERP 创建非固定资产报废清册，提出物资报废申请，实物资产管理部门组织实物资产使用（保管）部门开展技术鉴定，明确鉴定意见，部分退出物资在项目可研阶段已经完成技术鉴定，审核时则根据技术鉴定结果明确鉴定意见。

（2）非固定资产报废清册经实物使用（保管）部门、实物资产管理部门（技术鉴定及审核）、财务管理部门和分管领导审批后，实物使用（保管）部门在 ERP 打印固定资产报废审批单。

注意：因 ERP 中重点低值易耗品具有资产卡片号而无设备号，在创建非固定资产报废清册并履行完审批流程后，财务管理部门过账时须手动注销其资产卡片号。

（四）废旧物资报废审批注意事项

（1）退役退出实物报废审批按照"分级分专业"原则开展。实物资产管理部门提前统筹安排退役资产和退出物资的技术鉴定、报废审批工作，列入年度退役退出计划的报废审批事项，原则上应在本年度内及时审批通过。项目单位根据年度报废物资处置计划，并结合现场实际，及时规范开展废旧物资报废审批工作。

（2）电站基本建设、生产大修技改、信息化建设等项目可研阶段技术鉴定为报废的物资，应及时办理报废手续。实物使用（保管）部门提出报废申请，编制固定/非固定资产报废审批表，实物资产管理部门、财务管理部门加快报废审批手续办理，实物资产管理部门根据审批权限完成审批。

对于需上级单位审核的固定资产报废事项，相关主管部门收到报废申请后，及时履行资产报废审批，报废审批手续原则上应在资产拆除后两个月内完成。

（3）对不满足技术条件或已到保质期限的库存物资，由物资管理部门提出报废申请，办理报废审批手续，由原物资需求部门组织开展技术鉴定。

（4）对在建工程废弃或不可用物资，由项目管理部门提出报废申请，办理审批手续，并向物资管理部门申请报废物资处置。

（5）项目单位应定期开展退役退出实物清点清理、报废处置工作，报废审批手续原则上应在报废申请发起3个月内完成，需上级主管部门审批的，应在报废申请发起6个月内完成。

（6）对未到报废年限但无法再利用、历史遗留确实无法做到账物完全对应的实物资产，由实物使用（保管）部门说明原因，实物资产管理部门、财务管理部门审核确认，开辟资产报废特殊通道，原则上在报废申请发起12个月内完成。对已符合报废条件但因企业经营需要无法当年报废的，应在下一年度中统筹安排，报废办理时限不得超过24个月。

（7）物资管理部门在现场处置的报废物资竞价前，依据现场报废物资处置申请，核对或完善ERP废旧物资清册信息。

（五）废旧物资报废审核要点

废旧物资报废审批需要重点审核以下5项内容。

（1）报废物资实物信息与提交的报废申请单据、技术资料信息是否一致（包括资产编码、物资名称、规格型号等）。

（2）固定资产原值、已提折旧、资产净值等金额与财务账目是否一致。

（3）技术鉴定意见是否明确（同意报废或同意再利用等），各级审批时间是否符合业务流程。

（4）财务管理部门注意资产减资、转资等相关操作是否合规。

（5）物资报废原因填写是否规范、合理。

三、实物拆除、移交与保管

（一）实物拆除

实物拆除前，项目管理部门将施工合同中拟拆除资产（设备/材料）清单、拆除回收、临时保管等注意事项与施工单位进行交底，经施工、监理单位签字确认后实施拆除。对技术鉴定为再利用的设备应实施保护性拆除。

实物拆除中，施工单位应严格按照合同约定、拟拆除计划开展现场拆除工作，项目管理部门组织实物使用（保管）部门、监理单位进行现场监督。对于因特殊情况无法做到足额回收的，项目管理部门组织施工单位做好现场取证工作，出具有关说明。

实物拆除后，项目管理部门组织实物使用（保管）部门、监理单位、施工单位依据拟拆除计划，盘点验收实拆情况，对应拆、实拆、实交量进行确认，对存在的差异，由施工单位说明原因，确认后形成"退役资产拆除计划执行情况表"。由于施工单位原因导致不能足额回收的，由施工单位依据合同赔偿损失。

项目管理部门应将拆除资产计划执行情况、实际回收明细等资料列入工程结算、决算审核和工程审计范围。施工单位在项目结算资料中未提交拆除资产回收资料的，以及应拆、实交量重大偏差无法说明清楚的，不得办理项目结算，应根据资产缺失情况扣除施工款（扣除单价可参照资产残值、评估价值或当地同类报废物资两个月内竞价处置平均单价计算）。

项目管理部门组织做好拆除实物资产的临时保管和移交工作。大型变电设备、输电线路、电网（厂）生产建筑物、构筑物等辅助及附属设施等报废资产可进行现场移交与处置。其他废旧物资应集中移交物资管理部门，入物资管理部门废旧物资库或专人管理的临时存放地。

经技术鉴定为报废，需入库后处置的报废物资，实物使用（保管）部门办理完物资报废审批、拆除手续后，应于1个月内向物资管理部门提供相应的报废审批单、技术鉴定报告、内部决策会议纪要（如有）、报废物资移交单，并将报废物资运至物资管理部门废旧物资仓库指定地点。

经技术鉴定为报废的信息化设备，实物使用（保管）部门应在办理完物资报废审批、拆除手续后，先将报废物资交于信息化管理部门拆除存储介质，再移交物资管理部门。物资管理部门在实物移交时，应严格检查信息化设备是否拆除存储介质，未拆除的拒绝办理入库手续。

需现场处置的报废物资，应在拆除前完成报废手续办理，向物资管理部门提供报废审批单、技术鉴定报告、内部决策会议纪要（如有）等相关材料，同时提出"现场报废物资处置申请"，明确具体拆除时间、集中保管存储地点、实物拟交接回收时间。需现场处置的报废物资，实物资产使用（保管）部门应严格现场管理，做好拆卸、搬运、现场盘点和数量核实工作，足额回收，不发生拆除物资丢失和损坏，做好交接前的保管工作。

（二）实物移交及入库

为了保证废旧物资管理规范有序，应在报废实物移交入库后在 ERP 办理入库。报废实物移交需物资管理部门依据报废审批单、技术鉴定报告（如有）、内部决策会议纪要（如有）及报废物资移交单清点报废物资，核对实物的品名、规格、数量及相关资料，确认无误后与实物使用（保管）部门在移交单签字确认，办理报废物资移交入库。

物资管理部门在实物移交环节，应加强报废审批过程资料的检查、监督，对于报废审批单据不全、意见不明确、手续不完整的废旧物资应拒绝接收，不办理入库手续；对于清单目录中实物缺失的，应在移交清单中注明"未接收"，并与实物移交人员签字确认。实物使用（保管）部门应根据移交物资的特性采取切实可行的打捆或包装方式，例如：以"m"为计量单位的物资按同型号截取相同长度打捆（建议长度为2m一段），以"kg"或"t"为计量单位的物资按所在单位仓库内电子秤或地磅的最大计量值打捆或包装，便于实物使用（保管）部门与物资管理部门准确清点数量。

原则上，废旧物资应办理完成报废审批手续后方可移交入库，对于紧急情况确需入库暂存保管的（待）报废物资，应在入库后 3 个月内完成报废审批办理，对超过 3 个月仍未办理、无法正常周转处置的，物资管理部门拒绝接收新入库的待报废物资。

物资管理部门在收到需现场处置的报废物资相关资料后，应在仓储管理信息系统进行相关入库操作，并在物料的厂库内描述中备明现场保管的存储地点。

物资管理部门将报废物资实物入库上架后，完成 ERP 线上入库操作，操作步骤如下：

报废的固定资产入库需要实物使用（保管）部门在 ERP 打印固定资产报废交接单，与物资管理部门办理实物、固定资产报废审批单（财务管理部门人员在完成报废通知单审批时打印）、技术鉴定报告（如有）、内部决策会议纪要（如有）及报废物资移交单等过程资料的移交后，仓储人员根据固定资产报废交接单上的报废通知单号，在 ERP 中创建固定资产报废清册，财务管理部门对固定资产报废清册进行审核，若入库金额填写合理，则审核通过并完成固定资产报废清册自动入库，若入库金额填写不合理，则驳回修改，直至正确后入库。

ERP 系统固定资产报废入库操作简易流程扫描二维码查看。

操作手册名称	ERP 系统固定资产报废入库操作简易流程
角色	仓储人员
主要功能	固定资产报废入库无价值工厂
二维码	

非固定资产类报废物资 ERP 线上入库，非固定资产报废审批最后一级领导审批完成后，ERP 会弹出对话框"是否立即入库"，若报废物资线下已经入报废物资库，则点击"是"，系统自动完成入库操作；若报废物资还未入报废物资库，则点击"否"，只完成审批操作，后续待报废物资实际入库后，再由库管员在 ERP 完成入库操作。

ERP 系统非固定资产报废物资入库操作流程扫码查看。

操作手册名称	ERP 系统库内物资报废入库操作简易流程
角色	仓储人员
主要功能	有价值工厂库内报废物资入无价值工厂
二维码	

固定资产局部报废入库，根据线下审批单据信息，通过事务代码 MB1C，移动类型

501，填写废旧物资编码（F 开头），实施废旧物资入库操作。

（三）报废物资在库管理

物资管理部门应将废旧物资存放在专用的废旧物资仓库或区域，与其他库存物资分库（区）存放，并对废旧物资进行标识和采取适当的防护措施，不同类型的废旧物资应分区、分货位整齐码放。

报废物资处置前，原则上应全部拆除、集中存放，且处于可交接状态。任何部门和个人不得截留、擅自变卖和处理废旧物资。

实物使用（保管）部门、物资管理部门应分别做好现场、库存报废物资的防火、防洪、防盗、防损、防破坏、防污染等安全工作。施工作业、储存保管、拆除转运时应采取必要措施，防止造成如变压器漏油或遗留固体废弃物等污染源，污染环境。

物资管理部门应按报废物资类别分别建立台账，做好报废物资盘点及在库管理工作，确保账、卡、物相符，实现仓储管理信息系统管理。

四、成本费用管理

资产拆除回收、保管运输等费用应依据可研报告，按拆除定额测算并经评审后列入项目概算，对临时保管、运输费用无法列入概算的，由项目单位成本费用列支。

五、报废物资处置流程

报废物资的处置基于废旧物资全过程管控信息系统，需要使用 ERP、ECP 和其他国有资产处置交易平台等，处置流程如图 9-2-1 所示。

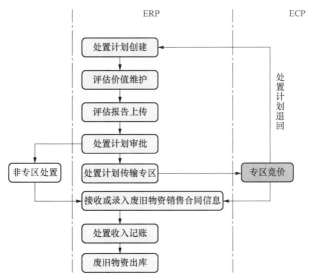

图 9-2-1　报废物资处置流程图

（一）处置计划创建

报废物资处置申请需要在 ERP 或 WMS 创建处置计划，处置计划包含有效的评估报告、内部决策会议纪要（如有）及处置物资清单等。

仓储管理人员根据库存拟报废物资信息创建处置计划，处置计划与报废物资库存中的行项目一一对应，即每条库存信息分别生成一个处置计划编号，同时集中生成一个处置计划汇总编号，处置计划汇总编号与处置计划编号是一对多的关系。

处置计划编号用来维护废旧物资的评估金额，传输专区以及关联专区回传的处置结果。处置计划汇总编号用来上传评估报告，即同一批次处置的废旧物资只需要上传一次评估报告。

（二）报废物资价值评估

物资管理部门对待处置报废物资进行账、卡、物及资料的核对，核对无误后建立待处置报废物资清单，交财务管理部门实施评估。财务管理部门选取第三方资产评估机构，组织对待处置报废物资进行价值评估，出具评估报告。财务管理人员将待处置报废物资的评估价格录入 ERP 或 WMS 等信息系统。

因为处置计划汇总编号与处置计划编号是一对多的关系，所以同一评估报告中的废旧物资必须生成在一个处置计划汇总编号中。在 ERP 维护评估报告和评估价格时，评估价格维护既可以逐行录入，也可以采用填写模板批量导入的方式来维护。

进行废旧物资价值评估时，宜按废旧物资分类分别进行评估。

（三）处置计划审批

集中处置的报废物资处置（竞价）计划，一般分别为物资管理部门负责人（第一级）、财务管理部门专责（第二级，录入评估价格）、物资分管领导（第三级）、竞价代理机构或业务支撑单位（第四级）、上级单位物资主管部门（第五级）审核审批。

授权处置的报废物资处置（竞价）计划，由项目单位内部完成审核审批，分别为物资管理部门负责人（第一级）、财务管理部门专责（第二级）、物资分管领导（第三级）审核审批。

（四）竞价与处置

项目单位委托竞价代理机构开展集中处置竞价业务，需签订委托代理合同或代理委托书，明确委托代理范围、期限、职责和代理费用。代理费用应遵照国家有关法律法规及标准执行。

竞价代理机构应具备以下条件：具有与招标、竞价（拍卖）内容相符的营业执照和经营许可；具有从事竞价代理业务的营业场所和相应资金；具有编制或审查竞价文件能力；具备组织竞价活动的竞价专业人员和实施网上竞价的软硬件设施。

1. 集中竞价处置

竞价代理机构在 ECP 再生资源交易专区发布竞价公告、竞价文件，组织实施集中竞价工作。

竞价代理机构发布的竞价公告和出售的竞价文件不得擅自更改或撤销，如在特殊情况下必须更改或撤销的，应在竞价日前 1 日由委托代理机构向委托方提出书面申请，经批准后执行。

为防止回收商之间恶意串通等不正当行为的发生，原则上不集中组织回收商现场查看报废物资实物，回收商可根据需要自行前往实物存放现场进行查看，有关项目单位须做好回收商登记、踏勘等组织工作。

集中竞价环节，组建临时竞价委员会，人员由委托方、竞价代理机构、物资监督、财务等相关人员组成。竞价委员会对竞价处置过程进行管理和监督，处理突发事件，编制并确认竞价处置结果报告。

竞价委员会应在竞价开始前对 ECP 竞价交易参数（初始价、加价幅度等）设置进行查验，确保系统参数设置与竞价文件保持一致。

竞价现场监督人员在竞价开始前宣读竞价现场工作纪律，明确竞价活动现场工作要求，收存密封的底价，确保竞价过程规范、有序。

竞价委员会应确认在竞价开始时通过 ECP 在线的回收商不少于 3 家，如少于 3 家回收商则取消此次竞价活动。

在报废物资竞价前，项目单位应组织报废物资实物资产使用（保管）部门、实物资产管理部门、财务管理部门等以评估价为基础，编制报废物资竞价底价，底价设置应不得低于评估价，并以密封形式提交竞价委员会。

每包竞价结束后，竞价委员会现场开启密封底价，最高报价不低于底价成交；低于底价，按竞价失败处理。

竞价委员会人员需现场签字确认竞价结果报告，竞价结果报告应包含报废物资名称（批次/包号）、竞价起止时间（含延时次数）、底价、起拍价、出价次数、最高价、成交回收商、竞价曲线截图等内容。

竞价失败申请再次竞价的，需重新履行计划审批手续。计划无需修改的，可在 ECP 编辑后关联下一批次处置；计划需修改的，可退回并在 ERP 或 WMS 中修改后重新报送。

因评估价过高导致流拍的报废物资，需再次拍卖时，需重新评估。

报废物资竞价成交后，各项目单位在竞价成交后 30 日内按企业内部合同管理规定与成交回收商签订报废物资销售合同。

2. 授权竞价处置

项目单位物资管理部门会同实物资产管理部门编制废旧物资竞价处置方案，履行内部审批（或决策）程序后，由物资管理部门具体实施，实物资产使用保管、实物资产管理、财务管理部门等部门协同配合。

采用拍卖方式的授权竞价处置，项目单位一般委托具备相关资质的代理机构（包括国家或地方从事企业国有资产交易业务的产权交易平台）开展竞价（拍卖）活动，竞价委托服务费用按相关规定执行，也可自行组织拍卖活动。项目单位物资管理部门、实物资产使用（保管）部门、实物资产管理部门、财务管理部门、竞价代理机构（如有）等相关人员组成竞价委员会，对拍卖过程进行管理和监督，处理突发事件，编制并确认竞价处置结果报告。

项目单位应在报废物资拍卖前编制报废物资竞价底价，并提交竞价委员会。以出价最高且不低于底价为成交原则。因评估价过高而导致流拍的报废物资，再次拍卖时，需重新评估。

采用招标采购方式的授权竞价处置，须同时满足企业内部采购管理规定，项目单位应在采购文件中明确处置物资情况、回收商条件、成交规则、处置要求及有关注意事项。项目单位选择的报废物资回收商需具备相关资质，满足招标采购、报废物资处置管理相关规定。

（五）接收或录入处置结果

在 ECP 再生资源交易专区履行竞价的报废物资，竞价结束后，竞价结果会自动回传至 ERP、WMS，包括合同标识符、竞价计划编号、竞价计划名称、分包编号、分包名称、经法合同编号、成交回收商名称、合同状态、合同金额及合同单价等信息。

未在 ECP 再生资源交易专区竞价的报废物资，在处置完成后，需人工将处置结果录入到 ERP 或 WMS 中，只有录入处置结果的处置计划才能进行后续的出库操作。

（六）回收商管理

1. 回收商基本条件

参与竞价活动的回收商必须具备以下基本条件：国家相关部门核发的税务登记证、组织机构代码证或具有统一社会信用代码的营业执照；县级及以上相关部门核发的再生资源回收经营者备案登记证明，地方政府有特殊要求的，需符合地方政府规定；法定代表人授权委托书、授权人及被授权人身份证明，法定代表人为同一人的两个及两个以上母公司、全资子公司及控股公司，只能有一家参加资格申报；具有良好的商业信誉，在近一年合同履行过程中未发生弄虚作假等欺诈行为，未发生竞价成功后拒签合同的情况，未发生不按合同要求及时回收等情况；未发生已处置的报废物资回流电网情况；对竞买的报废物资具有储存、拆解及装运能力；未被人民法院列为失信被执行人或被政府部门认定存在严重违法失信行为或纳入"黑名单"的回收商。

2. 特殊性危险、污染类报废物资处置回收商专用资质条件

参与特殊性危险、污染类报废物资处置的回收商必须具备以下专用资质条件：须具备危险货物道路运输许可证或与具备危险货物道路运输许可证的运输公司合作（提供合作证明材料）；废铅蓄电池回收商应持有危险废物综合经营许可证（经营范围为 HW31 或 HW49），废矿物油回收商应持有危险废物综合经营许可证（经营范围为 HW08）；其他特殊性危险、污染类报废物资处置的回收商必须具备经营范围内的危险品经营许可证。

3. 回收商管理要求

回收商采取分类管理，按照资质条件分为常规类回收商、特殊类回收商和综合类回收商。常规类回收商可参与有处置价值的报废物资网上竞价；特殊类回收商可参与废矿物油、蓄电池、电子垃圾类等与自身资质相符的危险、污染性报废物资处置；综合类回收商可参与公司所有范围内报废物资处置。

通过资质审查的各类别回收商原则上不得少于 20 家，审批合格并签订报废物资处置网上竞价销售协议书的回收商可以参与相关报废物资网上竞价活动。

竞价代理机构根据回收商管理要求和自身实际情况，定期组织开展报废物资回收商资质审查、复查工作，并对回收商违约等不良行为提出处理建议。

对存在不按时签订合同、不按照已生效的合同履行义务等不良行为的回收商，除承担违约责任外，同时纳入供应商不良行为处理。回收商违约分为一般违约和重大违约两种。一般违约主要包括不按时领取竞价成交通知书、不及时交纳竞价服务费、不及时签订销售合同、服务配合度差等违约行为；重大违约主要包括在回收商签订销售合同后，不按合同约定时限付款、不按时开展实物交接等；在实物交接中采取不当行为，以及在运输、拆解和处置过程中造成二次环境污染等对报废物资处置工作造成严重影响的行为；以及发生一般违约行为后仍不予改正的。

对于一般违约行为，竞价代理机构配合委托人进行核实，视其情节轻重和危害程度，对回收商采取约谈、暂停本单位竞价活动、扣除保证金等处罚措施。

对于重大违约行为，竞价代理机构配合委托人核实后，对回收商分别给予暂停或永久取消公司范围内竞价活动、扣除保证金等处理措施。

现场监督人员应认真做好竞价过程监督、保管监控账户及登录密码和定期更换密码的工作。未经许可，不得将账户和密码交由他人使用。

竞价代理机构须组织做好自身和回收商等相关业务人员的 ECP 操作培训，确保其熟练掌握系统功能。

项目单位（或委托人）不得竞买自己委托的竞价物资，也不得聘请他人代为竞价。

项目单位提供的竞价报废物资信息描述要准确、翔实，由于信息描述与实物不符，造成合同履行中发生争议的，要追究信息失真的责任。

在竞价过程中如发现回收商不遵守 ECP 报废物资处置竞价协议、恶意报价、恶意串通、干扰和破坏网上正常竞价以及其他可能影响竞价活动公开、公平、公正的情况时，竞价委员会应立即终止竞价活动，竞价代理机构扣除违规回收商部分或全部竞价保证金，视情况永久取消其参与竞价活动的资格。

六、报废物资资金回收

（一）合同签订

项目单位依据报废物资处置成交通知书，联系回收商进行资质复核，确定其具备处置资质，以处置竞价文件中合同模板为基础，与回收商合理商定合同细则，经相关人员审核后组织签订报废物资销售（处置）合同。

项目单位要充分考虑报废物资销售（处置）合同签订及履行过程中的不可控因素（如防疫政策、项目检修工期是否如期进行），把相关条款写在合同特别约定条款里，降低处置风险。

（二）处置资金管理

报废物资处置资金管理应遵循"收支两条线"原则。

项目单位物资管理部门负责在报废物资销售合同签订后，督促成交回收商按照合同约定及时付款，供应商全额付款后，方可办理实物交接，财务管理部门做好入账管理工作。

在废旧物资处置过程中发生的运输、仓储、拆解破坏等处置服务费用，应据实列支。

（三）报废物资交接

项目单位应在全额收取报废物资销售合同货款（如有）后，组织回收商进行报废物资实物交接，填写并签署报废物资实物交接单。

对于仓库内存放的报废物资，在物资监督人员见证下，由仓库保管员与回收商共同盘点、称重交接，办理交接手续；对于现场存放的报废物资交接，应由物资管理部门（物资监督人员）、实物资产使用（保管）部门、项目管理部门、施工单位（如有）、回收商共同盘点、称重，据实交接；对于列入《国家危险废物名录》的报废物资交接，应按照环保法律法规要求办理相关手续。

变压器、电能表等报废设备应进行拆解破坏处理，防止其回流进入电网；锅炉等特种设备应采取必要措施消除该特种设备的使用功能，并向原登记的负责特种设备安全监督管理部门办理使用登记证注销手续。

七、废旧物资档案和信息管理

各项目单位在每批次报废物资销售合同签订后 30 日内应将本单位报废物资竞价处置活动有关资料［包含但不限于处置计划、报废审批单、技术鉴定报告（如有）、内部决策会议纪要（如有）、报废物资移交单、评估报告、竞价处置文件、底价、成交通知书、销售合同、销售发票凭证、实物交接单等〕及时存档，并做好保管工作。

报废物资竞价活动归档文件材料以纸质和电子载体形成，按照企业档案文件材料管理相关规定进行归档，确保报废物资竞价活动归档文件材料的完整、准确、系统、规范，保证归档数据与平台原始数据相一致。

第三节　退役退出实物再利用

退役退出实物再利用应遵循"统筹调配、分级管理、专业负责、就近利用"的原则，优先在项目单位内部进行，不同项目单位间退役资产再利用可由上级单位统一组织。本节介绍代保管物资入库、在库管理、出库管理、报废管理和其他管理要求五部分内容。

一、代保管物资入库

退役退出实物经实物资产管理部门、原实物资产使用（保管）部门技术鉴定为再利用的，可由原实物资产使用（保管）部门申请办理入库代保管手续，在物资仓库中进行代保管。

鉴定为可利用、修复后可利用的退役资产，需入库代保管的，实物资产管理部门参照物资报废流程进行申报审批，办理固定资产报废审批手续、技术鉴定报告和代保管申请表；不需入库代保管的，在办理固定资产报废审批手续和技术鉴定手续后由实物资产管理部门履行保管职责。鉴定为可利用、修复后可利用的退出实物，属于退库或者工程在建物资等非库存物资的，需入库代保管的，实物资产管理部门按照第七章第三节中物资入库管理有关代保管手续办理代保管；不需入库代保管的，由实物资产管理部门履行保管职责。退出库存物资的应先办理出库手续，再履行代保管手续。

实物资产使用（保管）部门填写委托代保管申请表，明确实物名称、数量、计划利库时间、保管时间等，并负责将完好、完整的实物移交库房。

物资管理部门依据委托代保管申请、技术鉴定报告及其他相关资料（包括但不限于合格证、说明书、装箱单、技术资料、商务资料等）进行实物核对（品名、规格、数量等），核对无误后办理实物入库。

实物入库后，物资管理部门及时在 ERP 或 WMS 办理入账，并打印代保管入库单（再利用物资入无价值工厂管理），仓库保管员、移交人签字。代保管入库单由物资管理部门和委托部门各自存档。

二、在库管理

退役退出实物应单独分区存放，并设立明显标识。

退役退出实物入库后统一纳入库存管理，物资管理部门及时在 ERP 或 WMS 登记入账，保证账、卡、物一致，做好日常保管保养工作。专业管理部门负责库存可再利用资产的修复、试验、维护保养，确保随时可调可用。

物资管理部门每年组织实物资产使用（保管）部门、项目管理部门、财务管理部门等，对库存物资进行技术鉴定。经专业检测不具备再利用价值的，及时履行报废手续。

三、出库管理

项目管理部门在项目可研、初步设计阶段，对照可利库物资信息，在技术、性能等满足要求的情况下优先选用代保管退役退出实物。代保管物资原则上应在720天内完成利库或者调剂使用，存放时间达到规定期限前至少一个月，物资管理部门应通知委托部门重新组织技术鉴定，确定是否继续存放或采取其他措施（使用、转让、报废处置等）进行处理。确需继续存放的物资，应出库后重新履行委托代保管手续。

代保管退役退出实物出库时，委托部门填写代保管物资领用申请，经委托部门（领料部门）、物资管理部门双重审批后和代保管物资入库单一起交仓库保管员，仓库保管员根据审批后的代保管物资领料单，在仓储管理信息系统内执行发货操作，打印代保管物资出库单，经实物领料人、仓储主管、仓库保管员签字确认后，核对实物及相关资料，确认无误后进行实物移交。出库单由物资管理部门进行存档，委托部门（领料部门）进行核对和留存。

代保管物资出库发料时，有配套设备（包括附件、工具备件等）、相关资料（包括但不限于合格证、说明书、装箱单、技术资料、商务资料等）的，应一并交予领料人员。

四、报废管理

鉴定为报废的代保管退役退出实物，实物资产使用（保管）部门履行报废审批流程，进行报废处置。

五、其他管理要求

退役退出实物入库保管后，按照"谁形成库存、谁负责利库"的原则，由形成库存实物的部门在新建、技改和其他项目可研、初设阶段，优先选用退役退出实物，统筹提出再利用方案。退役退出实物应建立盘活利用常态机制，加快库存周转，避免形成库存积压。

第四节　废旧物资管理案例分析

本节主要介绍固定资产报废、非固定资产报废案例。

【案例9-4-1】　**固定资产报废审批及回收常见问题及注意事项**

一、背景描述

2021年，某抽水蓄能电站运检部李某作为配电室技术改造的项目负责人，对配电盘进行更新改造。8月8日，配电盘拆除完毕，李某向实物资产管理部门（生产技术部）申请对配电盘进行技术鉴定。8月10日，生产技术部王某组织开展技术鉴定，经鉴定配电盘符合固定资产报废原因第4条，因此出具技术鉴定报告，如图9-4-1所示。李某逐级办理固定资产报废审批手续，相关责任部门逐级审批；8月12日，审批完毕，固定资产报废审批表如图9-4-2所示。8月13日，李某将报废物资及相关单据送至物资仓库，向仓储管理员赵某申请办理移交手续，赵某对报废物资及相关单据进行核对，双方确认无误后，在报废物资移交单上签字确认，如图9-4-3所示；随后赵某完成报废物资入库相关操作。

二、存在问题

（1）未按管理要求在ERP线上办理报废审批手续。

（2）报废审批表上鉴定人员没有填写鉴定意见，各审批人没有填写审批意见。

（3）报废审批表未按要求加盖公章。

（4）报废审批表报废审批时间早于技术鉴定报告日期。

（5）资产报废原因未按固定资产管理办法中的八种报废情形规范填写。

三、原因分析

（1）相关工作人员工作责任心不强，把关不严，未切实履行相应职责。

（2）相关工作人员对固定资产、废旧物资管理制度学习掌握不够，对报废流程不清楚。

四、解决措施

物资管理部门根据问题项逐一组织各部门相关环节人员进行纠错处理。

五、结果评析

物资管理部门应做好废旧物资管理相关制度的宣贯工作，并加强废旧物资过程管控，做好相关业务流程的指导工作。各业务环节管理人员加强制度学习，熟练掌握并运用于实际。

技术鉴定报告

一、资产基本情况

固定资产名称：配电盘；资产编码：200105000087；资本化日期：2014.03.21，资产使用年限为5年，已使用5年。数量1台。规格型号：XL94587；资产原值：58963.51元，资产净值：4000元。

二、技术鉴定情况

××抽水蓄能公司二期配电室改造后，原配电盘已无法满足现技术要求，经技术鉴定小组鉴定，予以报废。

三、综合评价

二期检修配电盘更换依据《国网新源公司固定资产管理办法》第四章、第二十八条"淘汰产品，无零配件供应。不能利用和修复；国家规定强制淘汰报废；技术落后不能满足生产需要。"的规定要求，根据新源公司生产物资报废规定，对该设备进行报废处理。

同意报废。

××抽水蓄能有限公司生产技术部

2021年8月10日

图 9-4-1　技术鉴定报告

申请单位名称：××抽水蓄能有限公司　　　　　　　2021年8月8日　　　　　　　　　　新源固表03-1

资产编码	固定资产名称	规格型号	制造厂商	设备铭牌号	计量单位	数量
200105000087	配电盘	XL94587	晨达机电公司	99457	台	1
启用日期	预定使用年限	资产座落地点	资产原值	已提折旧	已提减值准备	资产净值
2016.03.21	5	配电室	58963.61	54963.51	54963.51	4000

报废原因：设备改造换型

残值处理及资产更新方案：

新源公司审批情况				本单位申报情况			
公司意见： (公章)	财务部门意见： (公章)	技术鉴定审核意见： (公章)	单位领导意见： (单位公章)	财务部门意见：	实物管理部门 技术鉴定意见：	使用保管部门意见： (部门公章)	
	负责人： 经办人：	负责人： 审核人：	周某	负责人：杨某 经办人：	负责人：吴某 鉴定人：王某	负责人：邓某 经办人：李某	
年 月 日	年 月 日	年 月 日	2021年8月8日	2021年8月8日	2021年8月8日	2021年8月8日	

图 9-4-2　固定资产报废审批表

移交单位：××抽水蓄能有限公司　　　　　　　项目名称：二期配电室改造
交接地点：物资部废旧物资库　　　　　　　　　交接时间：2021年8月8日

序号	废旧物资编码	废旧物资描述	规格型号	实物ID	资产编码	计量单位	应移交数量	实际移交数量	完整情况	备注
1	580077952	配电盘	XK94587		200105000087	台	1	1	完整	

说明：需附审批后的报废手续。

移交人签字：李某　　　　　　　　　　　　接收人签字：王某
日期：2021.8.8　　　　　　　　　　　　　页码：

图 9-4-3　报废物资移交单

【案例 9-4-2】　　非固定资产报废审批及回收常见问题及注意事项

一、背景描述

2021年，某抽水蓄能电站运检部项目负责人李某负责实施2021年度4号机组A级检修项目。11月15日，4号机组A级检修中相关检修、清扫设备项目完毕，机组回装后进行相关试验，李某拟对4号机组检修更换下来的阀门等5项物资进行非固定资产报废。11月18日，实物资产管理部门（生产技术部）专工刘某组织开展技术鉴定工作，经鉴定后出具技术鉴定意见，同意报废。李某逐级办理非固定资产报废审批手续，相关责任部门逐级审批，11月20日，审批完毕，非固定资产报废审批表如图9-4-4所示。11月21日，李某将报废物资及审批表送至物资仓库，向仓储管理员王某申请办理移交手续，王某对报废物资及相关据进行核对，核对实际情况，双方确认无误后，在报废物资移交单上签字确认，如图9-4-5所示。随后王某完成报废物资入库相关操作。

项目单位：××电厂　　　　　　　　　　　　审批表流水号：SGXY-××-年份-××××

序号	物资名称	规格型号	单位	数量	原安装地点	备注
1	普通螺栓	M64×180mm	件	16	4号机组水泵水轮机	
2	平面抗磨板		块	8		
3	阀门		台	3		
4	阀门		台	1		
5	汽轮机油	46号	升	42000	4号机组油系统	

报废原因：运行日久，其主要结构、机件陈旧、损坏、老化严重，经鉴定再给予大修也不能符合生产要求。

使用保管部门：
　　　　经办人：李某　2021年11月15日　　　　　　负责人：邓某　2021年11月15日

实物管理部门(技术鉴定意见)：
　　　　鉴定人：王某　2021年11月15日　　　　　　负责人：吴某　2021年11月15日

财务部门意见：
　　　　负责人：杨某　2021年11月15日

单位领导意见：
　　　　负责人：周某　2021年11月15日

图 9-4-4　非固定资产报废审批表

移交单位：运维检修部　　　　　　　　　　项目名称：
交接地点：库房　　　　　　　　　　　　　交接时间：2021年11月15日

序号	废旧物资编码	废旧物资描述	规格型号	实物ID	资产编号	计量单位	应移交数量	实际移交数量	完整情况	备注
1	F190100401	普通螺栓	M64×180mm			件	16	16		
2	F820108901	平面抗磨板				块	8	8		
3	F150100201	阀门				台	3	3		
4	F150100201	阀门				台	1	1		
5	F180200101	汽轮机油	46号			升	42000	42000		

说明：需附审批后的报废手续。

移交人签字：李某　　　　　　　　　　　　接收人签字：王某
日期：2021.11.15　　　　　　　　　　　　页码：

图 9-4-5　报废物料移交单

二、存在问题

(1) 未按管理要求在 ERP 线上办理报废审批手续。

(2) 型号规格等重要信息填写不完整。

(3) 报废原因填写不规范。

(4) 报废审批表上鉴定人员没有填写鉴定意见，各审批人没有填写审批意见。

(5) 报废审批表报废审批时间未按实际审批时间填写。

(6) 报废物资移交单项目名称未填写。

(7) 报废物资移交单交接地点不明确，移交时间未按实际填写。

(8) 未对金属类报废物资进行称重。

三、原因分析

（1）相关环节管理人员制度不熟悉，废旧物资管理中物资报废原因、报废物资分类、过程资料归档等知识欠缺。

（2）相关环节管理人员工作责任心不强，未切实履行相应职责。

四、解决措施

物资管理部门根据问题项逐一组织各部门相关环节人员进行纠错处理。

五、结果评析

物资管理部门应做好废旧物资管理相关制度的宣贯工作，并加强废旧物资过程管控，做好相关业务流程的指导工作。

各业务环节管理人员加强制度学习，熟练掌握并运用于实际。

【巩固与提升】

1. 简述报废物资分类处置类别。

2. 简述库存物资报废原因。

3. 简述可使用的退役资产再利用遵循的原则。

第十章　物资标准化与信息化

标准化是指为了在一定的范围内获得最佳秩序，对实际或潜在问题制定共同且可重复使用规则的活动。信息化是现代企业的显著特征，是增强企业软实力、实现管理现代化、实现业务管理目标的重要措施。本章主要介绍基于国家电网有限公司、国网新源控股管理体系下的物资标准化和物资信息化两部分内容。

	学习目标
知识目标	1. 理解物料主数据、供应商主数据、仓库主数据、采购管理标准化的概念 2. 了解各物资管理信息系统的作用与相互关系 3. 了解信息系统运维工作的内容
技能目标	1. 能够通过 MDM 进行物料编码的查询及新增物料编码的申报 2. 能够通过 MDM 进行供应商主数据的查询及新增申报
素质目标	树立物资标准化管理意识 提升物资信息化管理水平

第一节　物资标准化

物资标准化是在物资管理工作中，对实际或潜在问题制定共同和重复使用的规则的活动。本节主要包括物资主数据和采购管理标准化两部分内容。

一、物资主数据

主数据是指在国家电网有限公司范围内共享的、高价值的数据，也称企业基准数据，比如物料、仓库、账户、供应商、客户、员工和组织单位等。主数据通常需要在整个企业范围内保持一致性、完整性与可控性。物资主数据包括物料主数据、供应商主数据和仓库主数据。建立统一的物资主数据管理体系，不断深化物资主数据应用，是实现物资标准化管理的前提条件。

（一）物料主数据

1. 物料主数据的概念

物料主数据管理主要包括物资分类编码管理、物料编码管理和物资分类及物料主数据管理维护三部分。物资分类编码和物料编码是企业物资信息资源共享的基础，是物资信息系统相互集成、资源共享的桥梁和纽带。

物料主数据是根据物资分类与特性生成，代表业务中的某项物资，并应用于需求、采购和库存等业务环节的主数据，包含物料编码、物料描述、计量单位和分类特征等信息。目前物料主数据涵盖了电网物料和水电物料等，通过主数据管理平台（MDM）集中管理。

2. 物资分类编码管理

物资分类编码是以代码来代表物料的归属、名称、规格和用途的物资分类方式，是生成物料编码的基础。

（1）物资分类编码结构。物资分类是根据物资信息化管理要求，从不同角度、不同层次，对物资进行区分、归类、命名、描述建立的物资分类结构体系和物资信息化代码体系。物资分类体系按照大类、中类、小类进行分类，每个小类下辖若干特征项，每个特征项下对应若干特征值。大类、中类、小类、特征项和特征值共同构成完整的物资分类体系。

国网新源控股使用的物料主数据包括电网物料主数据和水电物料主数据。电网物料主数据包含一次设备、二次设备、通信设备、仪器仪表、装置性材料、辅助设备设施、金属材料、建筑材料、燃料化工、五金材料、低压电器、工器具、软件、信息设备、劳保类用品、办公类用品、智能变电站二次设备、服务、购电、物资配件、一次设备（协议库存物料组）21 个大类。水电物料主数据包含水电设备、水电仪器仪表、水电（专属）材料、水电工器具、水电物资配件 5 个大类。根据物资属性，每一个大类下包含若干中类，比如一次设备大类下包含 35 个中类，包括交流变压器、换流变压器、交流电流互感器等；每一个中类下又包含若干小类，比如交流变压器中类下包含 17 个小类，包括 6kV 变压器、10kV 变压器等，物资分类如图 10-1-1 所示。具体的分类可通过主数据管理平台（MDM）进行查询，电子商务平台（ECP）、企业资源管理系统（ERP）与主数据管理平台（MDM）间定期同步数据，因此，在 ECP、ERP 的相关模块中也能进行查询。

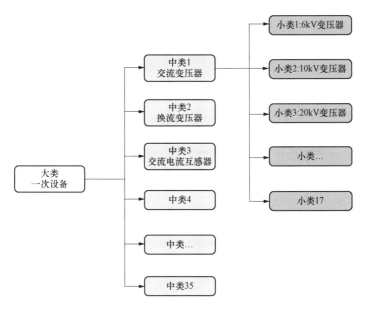

图 10-1-1 物资分类

小类名称即为物资需求名称，在小类下，分别定义特征项及其对应的特征值，形成不同的物料编码，进一步区分实际的物资需求。特征项是指用来定义一条具体物料的多项主要属性参数，其中每一项参数都被称作为一个特征项（根据信息系统要求，特征项最多不超过 8 个）。特征值是指每个特征项下包含的不同参数值，其中每一个参数被称作一个特征值，特征值按照实际需求，顺序编号不限定数量。

特征项及特征值编制原则如下：

1）不限定供应商。限定供应商将影响物资招标的公平性，因此，除备品备件外，不能直接或间接将包含厂商特征的相关信息作为物料的特征项及特征值。

2）方便理解和使用。特征项必须方便业务人员理解，应是标准值、固定值或区间值，不能是动态值或计算公式。

3）满足统计要求。特征项的设备须满足对采购和库存物资管理，特别是保障统计的完整性要求。

4）满足物料描述的准确性要求。物料描述是特征项的排列组合，各特征项在组合后应能完整描述该物资，而不能仅描述出该物资的某一组成部分。

5）符合实用性要求。物资分类体系在应用过程中，必须符合物资采购、供应管理的实际需求，特征项及特征值能辅助区分不同物资的特性，重要但共同的技术特性一般不设置为特征项及特征值。

（2）物资分类编码规则。物资分类编码规则采用 3 层 7 位数字代码。大类是 2 位数字代码，范围是 01～99；中类是 2 位数字代码，范围是 01～99；小类是 3 位数字代码，范围是 001～999。

物资特征项编码采用 4 位数字代码结构，范围是 0001～9999；特征值编码采用 3 位数字代码结构，范围是 001～999。

3. 物料编码管理

物料编码是以数字代码来代表物料品名、规格或类别及其他有关事项的一种管理工具。

（1）物料编码的编制规则。物料编码按照简单性、层级性、完整性、单一性的规则编制。

1）简单性：物料编码采用 9 位流水码，以 5 开头，按照生成的时间顺序依次排列，简单明了，适用于操作人员通过计算机进行查询、录入等一系列工作。

2）层次性：由于物料异常复杂，物料编码不仅采用流水码，还采用了物料描述，按照层级将物料统一分为大类、中类、小类，每个小类下设若干特征项及特征值，便于检索、查阅和使用。

3）完整性：物料编码逐步增加，做到各类不同的物料都有对应编码。

4）单一性：物料编码编制的不重复性，保证了每一个物料编码只能代表一种物料，一种物料在 MDM、ERP 系统中有且仅有一个物料编码。

（2）物料编码的应用。物料编码的应用实现了信息系统对物料的识别和检索，便于对物料进行分类和统计，对其进行高效、有序的统一管理，为计划、采购、合同、监造、履约和库存等各环节实施管理以及物料信息的相互交换或共享奠定了基础。基于物资采购标准，在系统中建立了采购标识自动判定规则，以自动判断并生成物料编码的标识、物料编码与采购标准的对应关系。在 ECP 编制技术规范时，系统可显示物料的采购规则标识并自动引用对应的采购标准模板（固化技术 ID）。

4. 物资分类及物料主数据的维护管理

物资分类及物料主数据统一管理和维护。物料主数据字段在 MDM 统一维护后分发到各业务应用系统，基本信息字段不得修改，其他主数据字段允许扩充和完善。

物资分类和物料主数据的日常维护工作包括新增物资小类、新增特征值和新增物料编码，其中新增物资小类通过邮件进行线下申报，新增特征值和物料编码通过 MDM 进行线上申报。

（1）物料主数据的申报。

1）新增物资小类申报。

新增物资小类通过邮件方式线下申报，需求部门提报物资分类新增申请，国网新源控股物资标准化管理人员收集、汇总、整理申请并组织专家完成预审，预审通过后提报至国网物资公司审查，由国家电网有限公司物资部审批。

新增物资小类申报注意事项如下：

必须使用小类申报模板填写信息，必填项不能为空；新增小类名称应尽量简练合理，不得与已有小类名称重复；新增小类应准确地归属到相应大类和中类中，特征项和特征值名称及内容应注意体现小类本质属性或小类特殊性，特征项个数最多不能超过 8 个，特征值数量不限；新增小类特征项和特征值的书写格式规范应符合行业标准，注意单位和特殊符号的书写格式；提供所申报小类的国家标准或行业标准依据，附加对小类功能进行具体描述的相关文档材料说明，备注栏中应填写新增小类的功能、用途、使用场所和使用范围，内容尽量详尽，能够全面准确地进行解释说明。

2）新增特征值申报。物资特征值新增通过 MDM 线上申报，业务需求部门物资特征值新增由国网新源控股物资标准化管理人员预审，通过后提报至 MDM，由国网物资公司线上审批。

新增特征值申报注意事项如下：

特征值提报须准确无误，且单个特征值字符长度应小于 30 位；新增的特征值必须符合该特征项含义；表示形状的特征值，特征值与数字顺序无关，如面积 40m×50mm 与 50m×40mm 应为同一特征值；必须使用专业名称，不能使用俗称；必须简短、通用或概括性描述，同时提供相关国家标准或行业标准及证明资料；注意特质值书写规范。

3）新增物料编码。物料编码新增通过 MDM 线上申报，需求部门的物料编码新增由国网新源控股物资标准化管理人员预审，通过后提报至 MDM，由国网物资公司线上审批。

新增物料编码注意事项如下：

新增物料编码必须是未包含在现有数据库中的物料；新增的物料组合信息完整，在实际生产中合理存在；对于在实际生产中合理存在，无论是"非标准物料"还是"未标准化物料"，都应予以新增。

（2）物料主数据分发和下载。物料主数据通过 MDM 向 ERP、ECP 等业务应用系统分发数据，确保各业务应用系统主数据的一致性。

（二）供应商主数据

1. 供应商主数据的概念和作用

供应商主数据是以数字代码来代表供应商及其相关事项的一种管理工具，通过

MDM 平台集中管理，并通过接口分发给各业务应用系统使用。

2. 供应商主数据的编制规则

供应商主数据采用 10 位数字流水码，由 MDM 平台流水编号。

3. 供应商主数据操作

供应商主数据操作主要包括主数据查询、新增、变更、解冻、冻结、下载、导出，主要功能见表 10-1-1。

表 10-1-1　　　　　　　　　　　供应商主数据操作主要功能

主数据	一级功能	二级功能
供应商主数据管理	供应商主数据查询	查询、下载、导出
	供应商主数据申请	新增、变更、冻结、解冻

（1）供应商主数据查询。用户登录主数据管理系统 MDM 平台，通过供应商编码、名称、供应商类别等信息查询供应商主数据的基本信息。查询结果可进行详细信息查看、数据导出及下载等操作。

供应商主数据查询操作路径为系统菜单→主数据业务管理→主数据查询→物资类→供应商主数据。

【查询】输入筛选条件及更多查询条件，点击"查询"按钮，可根据筛选条件查询到所需要的数据。

【导出】若用户需要对数据进行导出操作，需选择需要导出的数据，点击"导出"按钮即可进行数据导出。

【下载】供应商主数据在新增完成后可进行自动分发，如果自动分发的数据用户未接收到，也可登录系统进行手动下载。下载供应商主数据时，需要在查询界面选择所需数据；数据选定后，点击"下载"按钮，选择接收端；下载完成后，提示操作成功。

（2）供应商主数据新增。

供应商主数据新增有两个途径。

一是供应商通过 ECP 购买电子钥匙，提交注册信息，并上传营业执照。注册信息包括公司全称、统一社会信用代码证号、注册地址、营业范围、注册联系人等信息。国网物资公司审核以上信息，审核未通过的供应商主数据返回申请人进行修改，审核通过的由国网物资公司同步到 MDM 平台。国网新源控股根据需要下载至 ERP 系统使用。

二是国网新源控股各项目单位在 MDM 提交供应商信息，上传营业执照。供应商信息包括供应商名称、国家代码、供应商类别、统一社会信用代码证号、证照生效日期、证照失效时期、通信地址、邮政编码、城市、地区、是否公司管理的集体企业、是否分布式发电供应商、系统内/外（供应商）、银行账号是否受控、是否招标注册供应商、是否电厂供应商、电话、传真、电子邮箱、系统类型、行业类型编码和资质文件。国网新源物资有限公司审核上述信息，审核通过后发送至国网信息通信有限公司进行二级审核；审核未通过的供应商主数据返回申请人进行修改，审核通过的进入 MDM，同时生成供应商编码。

供应商主数据新增操作路径为系统菜单→主数据业务管理→主数据申请→物资类→

供应商主数据。

步骤 1：根据需要新增供应商主数据，在 MDM 平台上点击"新增"按钮，进入供应商申请明细界面。

步骤 2：进入供应商主数据申请明细界面，点击"新增"，进入新增界面。供应商主数据申请明细说明见表 10 - 1 - 2。

表 10 - 1 - 2　　　　　　　　　供应商主数据申请明细说明

字段名	类型	长度	说明	示例
供应商名称	字符	60	必填	北京京仪敬业电工有限公司
供应商类别编码	字符	4	必填，参见"编码参考"	K001
供应商类别名称	字符	10	必填，参见"编码参考"	公司制法人单位
通信地址	字符	70	必填	北京市西城区西什库大街 31 号
邮政编码	字符	6	必填	100034
国家代码	字符	2	必填，参见"编码参考"	CN
城市	字符	35	必填	北京市
地区	字符	6	必填，参见"编码参考"	110000
统一社会代码	字符	18	公司制法人必填，其他非必填，不允许重复	91110102101353710Y
身份证件类型	字符	2	供应商类别为"个人"必填，参见"编码参考"	01
身份证号	字符	18	供应商类别为"个人"必填	130256199012302575
银行账户受控标识（1：受控；0：不受控）	字符	1	必填	1
是否招标注册供应商（1：是；0：否）	字符	1	必填	1
是否分布式发电供应商（1：是；0：否）	字符	1	必填	0
是否电厂供应商（1：是；0：否）	字符	1	必填	1
是否公司管理的集体企业	字符	1	必填	1
证照生效日期	字符	10	必填，格式 YYYY - MM - DD	2020 - 09 - 04
证照失效日期	字符	10	必填，格式 YYYY - MM - DD	9999 - 12 - 31

步骤 3：填写上述必要信息后，点击"保存"，退回至申请明细界面。

步骤 4：点击"创建"，生产申请单草稿。

步骤 5：点击"提交"，流转至审批。

（3）供应商主数据变更。供应商主数据变更操作路径为系统菜单→主数据业务管理→主数据申请→物资类→供应商主数据。

步骤 1：根据需要变更供应商主数据，在系统上点击"新增"按钮，进入供应商申请明细界面。

步骤 2：进入供应商主数据申请明细界面，点击"变更"，选择变更"供应商基本信息"或"银行账户信息"，变更"供应商基本信息"。

步骤 3：点击"供应商基本信息"，进入供应商变更界面，选择"供应商编码"。

步骤 4：变更完成后，点击"保存"，更新至申请明细列表中。

步骤 5：点击"创建"，生产申请单草稿。

步骤 6：点击"提交"，流转至审批。

（4）供应商主数据冻结与解冻。供应商主数据冻结或解冻操作路径为系统菜单→主数据业务管理→主数据申请→物资类→供应商主数据。

步骤 1：根据需要冻结供应商主数据，在系统上点击"新增"按钮，进入供应商申请明细界面。

步骤 2：点击"确认"按钮，冻结数据成功后，主数据状态变更为冻结状态；解冻数据成功后，数据状态变更为启用状态。

解冻供应商主数据时需要注意以下两点：

若供应商主数据是中国境内的公司法人制单位（非港澳台地区），供应商的统一信用代码为空，点击"修改"填写补充统一信用代码；若供应商主数据是中国境内的非法人制组织机构（非港澳台地区），供应商的统一信用代码为空，无统一信用代码，需上传资质文件。

（三）仓库主数据

仓库主数据是以数字代码来代表仓库所在单位、地理位置及其他有关事项的一种管理工具，是实体仓库在信息系统中的标识，是进行货物收发货、转储、盘点等业务活动的基础和前提，是对库存进行统计分析的数据基础。

仓库主数据编码主要用于对仓库组织机构设置，包括仓库号、存储类型、存储区和仓位，通过 MDM 对各实体库进行统一注册，包括仓库名称、地址、面积及库存地点编码等信息。仓库主数据编码包括仓库编码、货架编码、货位编码、存储区编码及仓储物料标签 ID 编码，编码规则如下：

1. 仓库编码

仓库编码的位数为 2 位，需和实体仓库对应。

2. 货架编码

货架编码的位数为 2 位。

3. 货位编码

仓位码编位数为 8 位，采用仓库编码（2 位）＋货架（2 位）＋层（2 位）＋位（2 位）作为编码，格式为 CCRRSSLL，其中 CC 代表仓库编码，RR 代表货架层号，SS 代表层号，LL 代表位置号。

编码示例：货位编码 01030401 指 01 号仓库 03 号货架第 4 层第 1 个位置。

4. 存储区编码

存储区编码为 2 位，编码设置规则见表 10 - 1 - 3。

表 10 - 1 - 3　　　　　　　　　　　　　存储区编码设置规则

编码	仓储区描述	编码	仓储区描述
AXX	设备区	BXX	导地线、光缆、电缆区
CXX	非标金具区	DXX	标准金具区
EXX	金属材料区	FXX	水泥制品区
GXX	绝缘子区	HXX	电缆附件区
IXX	备品备件区	JXX	劳保类物资区
KXX	五金交化区（工具类）	LXX	应急物资区
MXX	办公用品区	NXX	仪表仪器区
OXX	危险品区	PXX	废旧物资区
QXX	附件区	RXX	生产物资耗材区
SXX	水电物业耗材		
999	通用存储区		

实行简单物资区域管理的仓库可以只使用 999 通用存储区。

5. 仓储物料标签 ID 编码

仓储物料标签 ID 采用国网新源控股水电资产统一身份编码。仓储物料 ID 编码由 24 位十进制数据组成，代码结构由公司代码段、识别码、流水号三部分构成，该编码体系生命力较强，不会随专业管理规则调整变化，也不会对历史编码进行调整清理。仓储物料标签 ID 编码规则见表 10 - 1 - 4。

表 10 - 1 - 4　　　　　　　　　　　仓储物料标签 ID 编码规则

编码	046 ×××× 02 D ××××××××××××××× ①　②　　③④⑤
编码说明	①新源代码：按国网下发的代码段，国网新源控股为 046（国网系统内） ②公司代码：公司代码段的位数为 4 位，用于标识国网新源控股水电资产仓储 ID 归属单位，如：宜兴 5726 蒲石河 5719 丰宁 5755 ③识别码：智能化仓储管理系统固定为 02 ④标识：档识 D 的位数为 1 位，用于标识仓储 ID 标签的类型，0 代表无源标签，8 代表有源标签，9 代表虚拟标签 ⑤流水号：流水号的位数为 15 位，按照数字序列自动生成

二、采购管理标准化

采购管理标准化包括标准采购目录、标准文件范本、标准采购策略、统一合同文本、供应商资质业绩核实标准和供应商履约绩效评价标准六部分。其中，供应商资质业绩核实标准和供应商履约绩效评价标准已在第六章详细讲述，此处不再赘述。

（一）标准采购目录

采购标准目录用于收录并固化设备材料的类别、名称、物料编码、主要技术参数索引。采购标准目录由物料编码、大类、中类、小类、名称、电压等级、计量单位、设备编码、产品型号、技术参数和采购标准规范构成。

（二）标准文件范本

抽水蓄能电站标准采购文件范本在集中采购工作中得到广泛应用，有效提高了招标文件编制水平，规范了采购行为。现有集中采购标准化招标文件范本遵循"完整引用、删繁就要、大量固化、全面选填、唯一表述"的原则，结合标准采购目录和采购策略更新，简化招标文件具体编列条目内容，实现表述和结构标准化，最终形成具有国网新源控股特色的标准化招标文件范本体系，涵盖公开招标项目商务范本 3 个（工程、服务、物资）、非招标项目商务范本 7 个（公开竞谈、邀请竞谈、单一来源、询价，以及区分物资和非物资）、技术范本 169 个，见表 10 - 1 - 5 和表 10 - 1 - 6。

表 10 - 1 - 5 　　　　　　　　技术规范范本统计

项目类型	物资类	工程类	服务类
范本数量	46 个	26 个	97 个

表 10 - 1 - 6 　　　　　　　　商务文件范本

序号	采购类型	采购方式	范本名称
1	招标项目	招标采购	国网新源控股招标文件商务范本（物资类）
2			国网新源控股招标文件商务范本（工程类）
3			国网新源控股招标文件商务范本（服务类）
4	非招标项目	单一来源	国网新源控股单一来源采购文件商务范本（物资类）
5			国网新源控股单一来源采购文件商务范本（服务类）
6		公开询价	国网新源控股询价采购文件商务范本（物资类）
7		公开竞谈	国网新源控股公开竞争性谈判采购文件商务范本（物资类）
8			国网新源控股公开竞争性谈判采购文件商务范本（服务类）
9		邀请竞谈	国网新源控股邀请竞争性谈判采购文件商务范本（物资类）
10			国网新源控股邀请竞争性谈判采购文件商务范本（服务类）

（三）标准采购策略

1. 标准化采购策略库

标准化采购策略库将同类项目资质业绩分为物资、工程、服务三大类。随着国家简政放权的深化和国网新源控股的最新实际，形成了涵盖筹建期、基建期、生产期和综合管理共计 282 条的标准化采购策略库。标准化采购策略库的深化应用方便了各级物资管理人员快速准确地查询和设定集中采购项目的专用资格，提高了集中采购工作的规范化和标准化水平。

在计划提报阶段，项目单位应根据采购项目类型、采购范围及规模，在采购策略库中选择对应的专用资格要求。专用资格要求的资质承揽范围应满足采购项目的规模，业绩要求应与采购项目的规模、类型、具体设备参数相同或相近，不得设置与采购项目无关的要求。

2. 评标（评审）方法及标准

（1）评标（评审）方法。

1）招标和竞谈项目采用"价格得分＋商务得分＋技术得分"由高到低推荐中标（成交）候选人的综合评估法。若综合评分相等，以技术得分高的优先；若技术得分相等，以投标报价低的优先；若技术得分和投标报价都相等，由招标（采购）人确定中标（成交）候选人。

2）单一来源项目由评审委员会按照满足采购需求且价格合理的原则推荐成交人。

3）询价采购项目由评审委员会根据评审情况和应答人的报价，对符合采购需求、质量和服务满足采购文件要求的应答人，按照价格由低到高的顺序推荐 1 名成交候选人。如果应答人的价格相同，则由评审委员会自行推荐。

（2）权重比例。国网新源控股秉持"质量优先、价格合理、诚信共赢"的采购理念，近年来不断提高技术权重，各项目类别采购评标（评审）分值权重构成如表 10‐1‐7 所示。

表 10‐1‐7　　　　　　　　　　　　分值权重构成　　　　　　　　　　　　%

项目类别	技术	价格	商务
材料	40	50	10
设备（设备带安装）	50	40	10
服务（除科研、技术开发）	45	45	10
科研、技术开发	60	30	10
施工	50	40	10

（3）价格公式。常用的价格公式有区间复合平均价法（窄区间）、区间复合平均价法、区间复合平均价法（次低价平均）、最低评标价法、算术平均值下浮法、简单算术平均值法、算术平均与区间复合平均分段法、算术平均值下浮法_监理、区间平均价浮动法、区间平均下浮双边曲线算法（含概算基准价）、低价高分反比例（带系数）、算术平均值法（有效基准价）、区间复合一次平均价法、复合平均价法 M（3，5）、算术平均值浮动法（剔除最高价），共计 15 个价格公式，目前集中采购项目（询价采购除外）统一采用区间复合平均价法。

（4）商务、技术评审标准。针对不同类型的项目，编制与之相匹配的评标（评审）打分表，公开招标（采购）项目现有商务评分表 3 个、技术评分表 34 个（工程类 6 个、服务类 18 个、物资类 10 个），为投标（应答）文件各个指标响应情况和整体评价提供可靠依据。

（四）统一合同文本

为提高合同管理效率，规范合同履约行为，国家电网有限公司组织编制了物资采购合同标准文本，定期完善、补充合同文本对到货验收、质量要求等关键点和风险点的内容，以确保合同文本的实用性、适用性和规范化水平。统一合同文本采用国际通行的采购合同体例，由合同协议书、通用条款、专用条款和合同附件四部分组成。

1. 统一合同文本编制目的

合同文本是企业经济活动载体，对规范合同当事人的履约行为，保护其自身的合法权益至关重要。国家电网有限公司通过对合同文本统一管理，规范各项目单位和供应商履约行为，防范法律风险和商业风险。

统一合同文本，规范合同支付比例、交货、验收、质量保证、违约责任和合同中止履行及解除等条款，防范各项目单位由于执行标准不同、合同标的约定不明、合同条款不完善和权利表述不明确等问题引发的合同执行风险。

统一合同文本在合同管理信息系统自动生成，减轻拟定合同文本的工作量。招标（采购）文件编制和审查不对合同文本通用条款进行修改，只对专用条款和签订差异记录进行审核，简化审批流程，提高合同签订效率，确保合同签订与采购结果的一致性。

2. 统一合同文本体系分类

国家电网有限公司统一合同文本共 18 类 265 个。根据物资特性、质量标准、采购及执行方式等不同，可分为供用电类合同、购售电输电类合同、并网调度类合同、工程建设类合同、买卖类合同、检修技改类合同、财务资产金融类合同、技术服务类合同、信息化建设类合同、后勤服务类合同、运输仓储类合同、宣传与公共关系类合同、咨询委托类合同、劳务服务类合同、保密合同、电动汽车服务类合同、节能服务类合同、其他类合同等共 18 类。

第二节　物资信息化

物资管理信息化是指采用现代信息技术集成物资信息，利用供应链及物资管理信息化平台实现规模化的集中采购，挖掘物资设备管理各环节潜能，降低物资储备，减少库存积压，提升企业物资与供应链管理水平。本节主要包括物资信息化概述和物资管理信息系统介绍两部分内容。

一、物资信息化概述

国家电网有限公司贯彻党中央、国务院关于现代（智慧）供应链建设的号召，于 2018 年开启国家电网有限公司现代智慧供应链体系建设。通过大数据、云计算、物联网、移动应用、人工智能、区块链等技术，构建"五 E 一中心"供应链数字化平台，全面支撑智能采购、数字物流、全景质控三大业务链，具备内外高效协同、智慧运营调配，促进供应链全程电子化、网络化、可视化、便捷化、智慧化，实现传统业务的数字化转型，打造"质量优先、效益优先、智慧决策、行业引领"的现代智慧供应链体系。对内提升供应链运营质效，实现业务"一条线"，对外推动智慧物联，广泛连接上下游资源和需求，形成全新供应链产业生态圈，推动供应链高质量协同发展，使采购设备质量、采购供应效率、用户服务体验、业务规范水平、价值创造能力全面提升。

国网新源控股在国家电网有限公司"五 E 一中心"物资信息框架体系下，建设和应用具有抽水蓄能集团企业特色的物资管理信息系统。

二、物资管理信息系统

（一）主数据管理平台（Master Data Management，MDM）

MDM 是国家电网有限公司建立的物资分类与编码标准统一的主数据资源库，是基于一体化平台实现与各业务应用集成，实现物资主数据的查询、申请、审核、分发、冻结及下载。MDM 平台将主数据同步下发至 ERP、ECP 等信息系统，进行数据交互和共享，保障主数据在整个业务系统的实时同步和统一应用。

（二）企业资源管理系统（Enterprise Resource Planning，ERP）

ERP 是对于企业人、财、物等资源进行管理的系统，包含生产资源计划、制造、财务、销售、采购等功能，不同 ERP 还包括质量管理、实验室管理、业务流程管理、产品数据管理、分销与运输管理、人力资源管理等功能。在我国 ERP 所代表的含义已经被扩大，用于企业的各类软件都被纳入 ERP 范畴，从供应链范围优化企业资源，是基于网络经济时代的新一代信息系统，主要用于改善企业业务流程，以提高企业核心竞争力。

国网新源控股 ERP 物资管理模块（ERP - MM）主要由计划管理、采购管理、合同管理、仓储管理和废旧物资处置管理五个业务子模块组成。ERP 部署实施功能如图 10 - 2 - 1 所示。

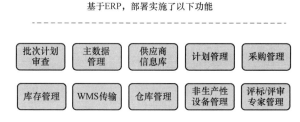

图 10 - 2 - 1　ERP 部署实施功能

1. 计划管理子模块

计划管理子模块具有年度物资需求计划管理和批次采购计划管理功能。年度物资需求计划通过企业项目中台，集成 ERP 项目管理模块（ERP - PS）信息，与年度综合计划有效对接；批次采购计划是年度物资需求计划的具体实施，经审批的批次采购计划数据传输国网 ERP 及 ECP 平台进行寻源采购，实现采购计划纵向贯通，与采购管理实现无缝链接。

（1）年度物资需求计划。物资需求单位在 ERP 填报年度物资需求计划，经内部审核后，提报至国网新源控股物资部门，物资主管部门初审后分发至国网新源控股项目主管部门（专业主管部门）审批，审批通过后由国网新源控股物资部门在 ERP 系统下达。

主要报表包括：

1）年度物资需求计划汇总表：汇总国网新源控股全年度的物资需求计划，可按物资需求单位分别导出，也可合并导出。

2）年度物资需求计划执行情况统计表：统计年度物资需求计划执行情况，通过 ERP 系统自动统计，按批次采购计划从申报跟踪至合同备案结束，信息还包括年度调整情况、执行完成率等。

（2）采购批次安排。国网新源控股物资部门将适用的上级单位年度采购批次（一级采购批次，由上级单位通过 ERP 系统下达），以及本单位的年度采购批次（二级采购批次）安排部署至 ERP 系统，方便物资需求单位将其年度物资需求计划挂接至合适的采购批次。

二级采购批次包括公开招标、公开询价、竞争性谈判、单一来源、固定授权、直接委托、应急采购、紧急采购、框架结果执行、电商专区、地方公共资源交易平台采购等类型，按年度在 ERP 分别创建、部署。

（3）批次采购计划。物资需求单位根据采购批次安排，在 ERP 系统将年度物资需求计划挂接至合适的采购批次，完善填报批次采购计划信息，经内部审核后，提报至国网新源控股物资部门，物资主管部门初审后分发至国网新源控股业务主管部门审批。审批通过的批次采购计划，上传总部 ERP、ECP 平台，形成批次采购发标计划。

对于审核中或审核通过的批次采购计划需进行调整的，物资需求单位在 ERP 系统提交批次采购计划调整单，经国网新源控股物资部门审核通过后，ERP 系统自动更新对应的批次采购计划信息。

主要报表包括：

1）批次计划汇总表：审核、查询批次采购计划。

2）批次采购计划本部审核表：审核、查询采购申请。

3）最高限价审核表：记录最高限价编制、审核人员信息及审核意见。

4）批次采购计划分批次统计表：可按照采购方式、批次类型等信息统计数量及金额。

5）批次采购计划调整单：审核计划调整项，可显示计划调整内容、审核人信息等。

6）批次采购计划情况统计：统计采购计划上报的准确率、及时率等信息。

2. 采购管理子模块

采购管理子模块主要包括采购目录、采购策略库、采购文件在线审查等管理功能，是国网新源控股根据物资信息化建设需要，在 ERP 开发的、独有的特性需求功能。

（1）采购目录管理。国网新源控股物资部门将一级集中采购目录清单、二级采购目录清单部署至 ERP 系统，同时通过信息化手段，将采购目录清单与物料主数据（物料编码）进行关联，防范越级采购行为。

（2）电商二级专区采购目录管理。国网新源控股物资部门每年在 ERP 系统下发超市化采购目录，物资需求单位结合本单位需求进一步完善超市化目录，经过审核后，形成次年的超市化采购目录。

物资需求单位根据本单位需求，提交次年超市化物资需求品类及数量，经本单位物资管理部门审核后，通过 ERP 系统提报，并打印 ERP 超市化目录分类汇总表，签字版报送国网新源控股物资部门。

主要报表为国网新源控股电商二级专区采购目录清单与各物资需求单位年度电商二级专区采购需求汇总表。

（3）采购策略库管理。国网新源控股 ERP 采购策略库管理包括采购策略维护（滚动更新）和应用两部分功能。采购策略维护是通过信息化手段管理采购策略库，包括收集、记录、调整、更新采购策略。采购策略应用是在 ERP 中，可将审核生效的采购策略关联至计划管理、采购管理子模块，供年度物资需求计划、批次采购计划编审以及采购文件审查环节使用。

输出的报表包括历史采购策略库数据。

（4）采购文件在线审查。物资需求单位需求部门上载编制的采购文件，与对应的批次采购计划项打包提交，交由需求单位物资管理部门初审，内部审核通过后，提交国网新源控股物资部门进行分发，由国网新源控股各业务主管部门线上审核、反馈意见（如有）；物资需求单位需求部门（项目负责人）人员根据反馈的修改意见，修改完善采购文件并将最终版上载至该模块中，由国网新源控股物资部门汇总采购文件。

3. 合同管理子模块

合同管理子模块实现合同签订、变更、履约、结算等信息化管理功能。

（1）合同备案及统计。合同备案及统计子模块记录所有招标、采购项目的中标、成交结果信息，是 ERP 系统采购与合同信息交互的枢纽模块。ECP（或招标代理机构、物资需求单位）将批次采购成功的中标（成交）结果信息回传（维护）至该模块中，完成中标、成交结果信息备案。

ERP 合同备案及统计子模块将中标、成交结果信息传输至合同管理信息系统，物资需求单位在合同管理信息系统完成合同起草、审核会签、生效后，合同信息回传至 ERP 合同备案及统计子模块，完成合同备案。

主要总表为国网新源控股及其各单位的中标（成交）、合同信息表，又称为采购合同全量信息表。

（2）采购订单。ERP 采购订单是进行合同签订、变更、履约、结算的关键信息化手段。

国网新源控股为加强物资供应链全流程信息化管控，ECP 采购结果回传 ERP 后，同步生成 ERP 采购订单，该订单包含的采购物料、数量、价格，与 ECP 采购结果一致；采购订单（订单编号）同步传输至合同管理信息系统，待合同生效（信息系统生效标识）后，ERP 采购订单才能生效。生效后的采购订单，才能办理收货和服务确认，进而办理合同款项支付、合同结算等后续工作。

合同变更增加供货范围、服务量时，新增的采购订单必须挂接 ERP 系统原采购订单才能视为有效的采购订单，利用信息化手段进行合同变更监控。

（3）供应商绩效评价。供应商绩效评价子模块是基于 ERP 采购数据、合同数据、订单数据的基础上，结合采购物料类别，套用对应的供应商绩效评价标准，对供应商生产制造、供货质量、安装水平、运行质效等进行绩效评价的信息化管理模块。主要流程包括：

1）供应商分类维护：制定各分类供应商的评估样表格式，不同类型的供应商制定不同的评价明细和打分样式。

2）确定参评供应商：通过合同备案、采购订单、财务资金支付等 ERP 信息数据，推送确定最终参评的供应商。

3）评估供应商：对已经确定及发布的参评供应商进行评价，不同类型的项目（采购项目或合同），按职责分工，由对应的部门或者人员进行打分评估，录入评估结果，而后生成评估结果报表并打印报备。

4）供应商评价数据审批：用于审批和查询各项目单位已提交的采购合同所对应的供应商绩效评估记录。

5）供应商评价数据汇总：通过对供应商、项目单位、供应商不同分类、时间等不同的维度进行汇总和查询评价结果，对供应商绩效评价汇总的结果，ERP 自动对供应商进行评级。

（4）供应商不良行为管理。国网新源控股将供应商不良行为的上报、核实、审批、整改以及发布的全过程资料录入管理信息系统，同时将已发布的正在执行的供应商不良行为处理结果与合同备案、采购订单等子模块进行关联应用，防止不良行为处理期限内的供应商产生新合同。

生成的报表能查询历年供应商不良行为处理情况，也能查询当前处于惩罚期限的供应商不良行为处理情况。

4. 仓储管理子模块

仓储管理子模块具有库存管理和仓库管理功能，实现物资收货、发货、转储、盘点及上下架等仓储管理，与智能仓储管理系统（WMS）集成。

5. 废旧物资处置子模块

废旧物资处置子模块具有废旧物资入库管理、处置计划管理功能，通过在 ERP 创建批次处置计划并上传 ECP 再生资源交易专区，在专区完成竞价后，竞价结果回传到 ERP、创建销售订单、交货等业务环节，完成废旧物资处置闭环管理。

（三）电子商务平台（Electrical - Commercial Platform，ECP）

ECP 是国家电网有限公司首个面向企业外部交互的一级部署、两级应用的统一招标平台，依托国家电网有限公司云平台，按照"微服务、微应用"设计思路，覆盖从采购计划、招标采购、合同物流、质量监督、运行评价、供应商管理到废旧物资处置的供应链全流程业务，提升供应链协同效率和质量。

ECP 主要有采购标准管理、计划管理、采购管理、专家管理、合同管理、供应商管理、质量监督管理、废旧物资处置八大应用模块。ECP 功能架构如图 10-2-2 所示。

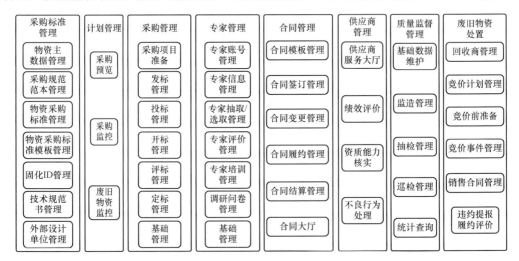

图 10-2-2　ECP 功能架构

1. 采购标准管理

将采购标准、采购规范范本、采购标准模板等内容纳入线上管理，实现技术规范书、固化 ID 结构化与非结构化编制，从而与采购管理模块、供应商管理模块的全流程信息共享，提升物资管理水平和工作效率。采购标准模块主要包括物资主数据管理、采购规范范本管理、物资采购标准管理、物资采购标准模板管理、固化 ID 管理、技术规范书管理及外部设计单位管理。

2. 计划管理

计划管理主要支持业务监控需求。业务监控是指国网物资公司物资计划部监控"总部直接组织实施"和"总部统一组织监控，省公司具体实施"批次计划实施进度并记录关键事件实施节点及实施情况。计划管理的主要功能包括采购预览、采购监控、废旧物资监控。

3. 采购管理

采购管理结包括资格预审、招标采购（资格后审）、非招标采购，涵盖采购项目准备、发标管理、投标管理、开标管理、评标管理及定标管理六个业务模块和一个基础管理模块。

4. 专家管理

为响应国家电网有限公司加强廉政建设的要求，招标评标、供应商管理和物资监察等业务对专家管理提出了新的要求。增加评标专家、资质能力核实专家、招标采购监督专家和法律保障专家四大业务类专家，建立"总部统一部署，总部和省公司直属单位分别使用"的专家库。专家管理模块主要包括专家账号管理、专家信息管理、专家抽取/选取管理、专家评价管理、专家培训管理、调查问卷管理和基础管理。

5. 合同管理

合同管理承接采购结果，基于中标结果完成物资采购合同签订、履约、结算管理功能，并与供应商进行线上交互；与法律等业务系统集成，实现对合同部门间会签管理等的全过程支撑。合同管理模块主要包括合同模板管理、合同签订管理、合同变更管理、合同履约管理、合同结算管理及合同大厅。

6. 供应商管理

供应商管理遵循国家电网有限公司供应商关系管理规范，按照"集中管控、两级应用"的供应商管理体系，在资质能力核实、不良行为处理等各业务环节实现总部统一管理、总部和省级公司两级应用，提高管控力度，加强管控成效。供应商管理模块主要包括供应商服务大厅、绩效评价、资质能力核实、不良行为处理。

7. 质量监督管理

质量监督管理实现监造业务管理、抽检业务管理、巡检业务管理、资质信息备案管理等主业务流程全程在线操作，提升监造信息记录质量，加强内部单位统一管理，并且统一设计系统角色。质量监督管理模块主要包括基础数据维护、监造管理、抽检管理、巡检管理、统计查询。

8. 废旧物资处置

为回收商提供在线网上竞价平台，实现国家电网有限公司废旧物资处置网上竞价活动流程化、规范化和透明化，保证废旧物资处理过程合法合规。废旧物资处置管理模块主要包括回收商管理、竞价计划管理、竞价前准备、竞价事件管理、销售合同管理、违约提报履约评价。

（四）电工装备智慧物联平台（Electrical Equipment Intelligent IoT Platform，EIP）

EIP利用物联技术打通供需双方的数据壁垒，构筑供应链供需协同、数据共生共享的新生态，消除设备全寿命周期质量管理的生产制造阶段盲区。平台建成和供应商接入后，物资需求单位能够获取供应商产能变化、订单进度、关键工艺控制、主要技术参数等信息，供应商能够及时准确获取需求的变化，以及其产品交付、运行状况、故障异常等信息，基于数据进行产品质量的主动精准提升。

EIP 包括工厂侧供应商数据采集中心（供应商侧工作）、智慧物联网关、智慧物联品类管理中心、智慧物联管理模块四大部分，实现主网线缆、二次、线圈、开关、表计、铁塔、抽水蓄能、配网低压线缆、开关柜、配电变压器等品类设备生产数据介入，通过数据汇聚，实现内外交互和协同，构建订单跟踪、智能监造、产能分析、在线支持、质量评价、行业对标、履约协同等核心功能。

（五）电力物流服务平台（Electricity Logistics Services Platform，ELP）

ELP 可实现电工装备、精密仪器、超限设备的运输监控，为用户提供运力供需对接、供应链金融等增值服务，构建电网物流行业生态圈，为供应链上下游协同运作新模式赋能。

ELP 包括物流供需信息服务、供应链金融服务、超限运输综合数据服务三大功能，通过整合运力信息、仓储信息、道路勘探信息、运输监控信息，实现内部人员、内部物流单位、第三方物流单位、内外部保险机构、电工装备供应商的交互和协同，构建开放共享的物流服务平台。ELP 功能架构如图 10 - 2 - 3 所示。

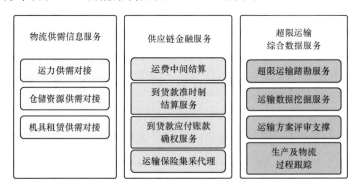

图 10 - 2 - 3　ELP 功能架构

（六）掌上应用"e 物资"（"e 物资"）

"e 物资"是现代智慧供应链物资业务的一体化移动应用，为企业内外部用户提供一套完整的、统一的移动应用解决方案。"e 物资"转变了传统物资作业模式，实现了计划、采购、物流、质控、评价、监察六大模块的互动业务在手机终端一键办理，物资作业人员和供应商可以随时随地完成物资业务操作。

搭建"e 物资"移动端应用，能够为内外部用户提供一个统一的业务入口，实现一网通办，突破原有 PC 端系统所带来的时间、空间和功能上的限制，改善用户使用体验，符合现代智慧供应链优化营商环境的要求。

（七）供应链运营中心（Enterprise Supply Chain Center，ESC）

ESC 通过构建智能采购、数字物流、全景质控、供应链运营、运营监督五大板块，建设运营分析决策、资源优化配置、风险监控预警、数据资产应用、应急调配指挥五大功能，建立专业条线、全供应链运营管理机制和供应链数据"资源池"，开展数据治理及统计分析，实现供应链运营效率、效益和效果的全面监控。

通过建设 ESC，从目前以静态、简单的报表为主的数据统计管理，实现向海量数据实时分析、灵活分析转变，向实现用数据精准指导、指挥业务运作转变，向实现供应链数字化运营、智慧运营转变，提升业务协同和资源整合能力，发挥供应链资源配置的枢纽优势，推动物资管理高质量发展。

（八）国网商城

国网商城是结合零星物资业务特点和互联网＋、大数据等技术优势，以更高效、更实用、更规范为导向，搭建的零星物资采购专区。满足实时价、固定价等多种采购业务模式，实现共享经济效益，有效提高采购效率，降低运营成本，提高供应效率，最大限度地促进采购及履约信息的公开透明，确保零星物资采购全流程的依法规范，实现零星物资采购集中管控全覆盖。

国网商城采购专区，分为一级专区和二级专区。其中一级专区包含办公用品、办公日用、通用劳保、办公电器、计算机、车辆等物资；二级专区包含五金材料、工器具、低压电器、装置性材料、辅助设备设施、配件、水电配件等物资。各物资需求单位通过采购账户在一级、二级专区内进行下单采购。

各物资需求单位通过采购账户在一级、二级专区内进行下单采购。

操作手册名称	国网商城操作手册 - ERP 集成单位
角色	国网商城下单人员
主要功能	对国网商城内商品进行查询、下请购单、退货、索要发票等
二维码	

操作手册名称	国网商城操作手册 - 非 ERP 集成单位
角色	国网商城下单人员
主要功能	对国网商城内商品进行查询、下请购单、退货、索要发票等
二维码	

（九）智能仓储管理系统（WMS）

WMS 规范仓库库存业务，准确反映实体仓库内库存实物信息。通过与 ERP 交互完成相关数据流转，拓展物资"一本账"功能。建立大数据分析模型，精准指导仓储业务高效运营，将需要利库的物资、寄存可调剂的物资信息进行调剂、共享发布，实现应急物资共享、调度。系统还支持日常作业提醒，可通过看板获取当日的待办事项，自动完成超期归还提醒、异常出库提醒、库存预警、物资年检提醒等。

WMS 致力于打造国网新源控股统一的智能化仓储管控平台，接入国网新源控股全国所有电站仓库，实现国网新源控股仓储物流业务精益化管理、自动化作业、可视化管控、智能化运作的管理要求。WMS 与多系统高度交互基础数据为支撑，深入挖掘数据资产价值，实现仓储分析决策、资源优化配置、风险监控预警、数据资产应用、应急调度指挥五大能力提升，推动仓储管理全方位质量变革与效率变革。WMS 功能构架如图 10-2-4 所示。

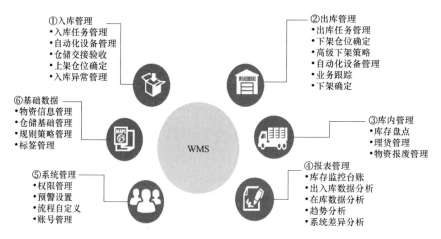

①入库管理
•入库任务管理
•自动化设备管理
•仓储交接验收
•上架仓位确定
•入库异常管理

②出库管理
•出库任务管理
•下架仓位确定
•高级下架策略
•自动化设备管理
•业务跟踪
•下架确定

⑥基础数据
•物资信息管理
•仓储基础管理
•规则策略管理
•标签管理

WMS

③库内管理
•库存盘点
•理货管理
•物资报废管理

⑤系统管理
•权限管理
•预警设置
•流程自定义
•账号管理

④报表管理
•库存监控台账
•出入库数据分析
•在库数据分析
•趋势分析
•系统差异分析

图 10-2-4　WMS 功能构架图

（十）合同管理信息系统

合同管理信息系统即数字化法治企业建设平台，于 2022 年 1 月上线，该系统包含合同管理、重大决策合法合规性审核和普法宣传 3 个模块。物资管理部门应用最多的是合同管理模块，可进行统一合同文本下载、合同起草、审批、合同查询以及合同统计等操作。

【巩固与提升】

1. 简述供应商主数据新增的两个途径。
2. 简述仓库主数据编码包含的内容。

第十一章 物资管理风险防控

物资管理风险防控通过风险管理方法识别风险因素并提出风险防范措施，提升抽水蓄能物资质量管理的规范性与科学性。本章主要包括物资管理风险防控概述、物资管理监督和评标专家管理三部分内容。

学习目标	
知识目标	1. 理解物资管理风险防控的内容、措施和意义 2. 掌握物资监督的常见方式（专业监督、现场监督、专项监督、日常监督、接受公众监督等） 3. 了解评标专家入库基本条件、专家申报操作流程、专家的分类与管理
技能目标	1. 掌握物资管理风险防控的内容与方法 2. 根据物资管理监督相关规定进行专业监督、现场监督、日常监督，并按规定格式编制监督报告 3. 掌握评标专家信息调整、转库和冻结操作步骤 4. 掌握评标专家静态与动态管理方法
素质目标	1. 树立物资风险防控意识 2. 强化评标专家公开、公平、公正意识

第一节 物资管理风险防控概述

强化全面风险管理，识别物资供应链各环节可能存在的风险点，并根据风险的特征，建立全面风险防控体系，实现物资供应链风险的可控性，保障物资供应的安全性和高效性。本节主要介绍物资管理风险相关概念、防控内容与过程。

一、物资管理风险相关概念

（一）物资管理风险

风险由风险因素、风险事故和风险损失等要素组成，指在特定时空内某种损失发生的可能性，是某事件的期望值与实际结果之间的差异。

风险防控是对特定风险的识别、确认、评估、结果控制及承受能力把握的过程。

物资管理风险防控是指按照国家电网有限公司推进"三全三化"供应链监督体系建设的要求，强化组织防控、技术防控、监督防控各项措施，全面落实合规管理主体和监督责任，防控物资供应链系统整体风险。

（二）物资管理风险类别

物资管理风险类别主要包括法律风险、廉洁风险、设备质量管理风险、工作效率和效益风险。

1. 法律风险

物资管理的法律风险是指物资管理人员因对法律和政策的理解、掌握不完整等原因产生法律事件的风险。

2. 廉洁风险

物资管理的廉洁风险是指物资管理人员因违反廉洁自律规定，谋取私利等原因发生廉洁腐败事件的风险。

3. 设备质量管理风险

物资管理的设备质量管理风险是指电力设备在采购、制造、运输、保管、使用等过程中因管理因素造成的质量达不到使用要求的风险。

4. 工作效率和效益风险

物资管理的工作效率和效益风险是指因管理因素造成的工作效率低下、效益未达到预期的风险。

二、物资管理风险防控内容

物资管理风险防控的内容包括法律风险防控、廉洁风险防控、设备质量管理风险防控、工作效率和效益风险防控。

（一）物资管理法律风险防控

1. 物资管理法律风险三个阶段

物资管理法律风险主要存在于招标（采购）、评标（评审）、定标三个阶段。

（1）招标（采购）阶段的法律风险主要是招标人在招标采购公告、招标（采购）文件中有倾向性或限制性条款，侵害潜在投标人的合法利益。投保人发生串通投标、低价抢标后抬高报价，给招标人造成损失。

（2）评标（评审）阶段的法律风险主要是违反法律法规要求或招标（采购）文件明确的程序公开、过程公正、机会公平的相关规定，导致招标（采购）失败或中标结果无效。

（3）定标阶段的法律风险主要是未按要求定标或未按定标结果签署招标（采购）合同。

2. 物资管理法律风险防控两个层面

物资管理法律风险防控分为外部、内部两个层面。对于由外部社会环境、法律环境、政策环境、交易方诚信等引发的法律风险，主要防控方式是开展投标资格审查；对于由内部经营管理引发的法律风险，主要防控方式是强化招投标法律、法规、制度的执行，杜绝规避招标（采购）、未招先定等违法违规行为。

（二）物资管理廉洁风险防控

物资管理廉洁风险主要集中在招标采购、合同签订与履约、供应商管理、产品监造、废旧物资处置及专家使用与管理等环节。通过建立"学习教育、承诺践诺、谈话谈心、风险防控"廉政防范四项长效机制，避免廉洁腐败事件的发生。

（三）物资管理设备质量管理风险防控

物资管理设备质量管理风险防控包括建立 ISO 质量保证体系和设备质量监督体系。设备质量风险防控是设备计划、采购、监造、投运、运行、报废全寿命的风险防控。对设备采购前的供应商资质、信誉的核实，采购合同的执行，设备的智能监造、智能抽检，设备的运输、投运与运行中的在线实时监控，设备后期的报废处置等各个环节加强管理，避免因管理因素造成的质量达不到使用要求的风险。

（四）物资管理工作效率和效益风险防控

物资管理工作效率和效益风险主要集中在物资计划管理与实施、采购策略的制定与执行、合同签订与履约等环节，其防控手段包括强化计划管理、技术创新手段、质量控制手段、行业对标等，防止因管理效率低下导致工作结果、效益未达到预期的风险。

三、物资管理风险防控过程

物资管理风险防控过程为风险识别、风险评估、风险防控措施和风险转移与承担四个阶段，形成物资管理风险防控的闭环管理。

（一）物资管理风险识别

物资管理风险识别是指通过对事件存在的风险进行逐一分析、识别，对事件的周期性、规律性问题做出准确性的预判，从而准确把握事件风险点存在与发展程度。风险识别的方法有事件流程分析法、事件因素构成分析法、专家分析法等。

（二）物资管理风险评估

物资管理风险评估是指对事件中识别出的风险进行科学的评价及差异化的等级预警，包括对风险发生概率的分析与把握，对风险发生强度、范围大小、结果等因素的预测与掌控。

（三）物资管理风险防控措施

物资管理风险防控主要通过组织防控、技术防控、业务防控和监督防控的四个方面实现风险预防、控制和管理。

1. 组织防控

组织防控是指通过健全组织体系、完善工作机制、加强教育防范、开展岗位交流等措施，防控物资管理过程风险。统一规章制度，充分发挥制度在风险管控工作中的作用；开展廉洁自律教育、案例警示教育，避免廉洁腐败事件的发生；实行岗位交流、岗位轮换制度，克服消极懈怠的工作情绪。

2. 技术防控

技术防控是指在系统中实施全业务全流程在线管控。智慧供应链管理将制度、流程固化在系统中，推动供应链业务全流程上平台，实现关键节点事先提示、违规行为及时纠偏。建立内部评标基地，评标场所实施闭环管理、集中监控，运用技术手段实现信息阻断。

3. 业务防控

业务防控是指在物资管理各项关键业务开展过程中，针对潜在风险采取有效措施加以防范，主要涉及计划管理、采购管理、合同管理、配送管理、仓储管理、质量监督管理、供应商关系管理、应急物资管理、废旧物资管理等环节。

（1）计划管理。通过实施全面计划管理，增加计划执行刚性，从源头杜绝应招不招，规避招标（采购）、未招先定等违规行为，有效防范廉洁风险。

（2）采购管理。严格执行相关制度，履行决策程序和审批手续，合法合规选择采购方式。严格执行评标专家随机抽取制度，评标专家、评标委员会、招投标领导小组依法合规工作。

（3）合同管理。签订合同使用国家电网有限公司统一合同文本。严控合同变更，达到一定界限的变更，依法依规签订补充协议。

（4）仓储管理。大力推进仓库标准化建设，落实"账、卡、物"一致性，建立仓库信息化管理，优化仓库资源配置。

（5）质量监督管理。创新物资质量监督管理模式，组合应用驻场监造、关键质量控制点见证、专家巡检、抽样监测等监督方式，强化质量监督管理。

（6）供应商关系管理。开展供应商资质业绩核实，监督人员全过程参与，规避接触供应商时的廉洁风险，将供应商评价结果应用于招标采购，以降低风险。

（7）废旧物资管理。废旧物资处置实行"统一管理，集中处置"，由第三方评估公司评估价格，网上公开竞价，防止废旧物资处置不当造成国有资产流失。

4. 监督防控

监督防控是指发挥纪检监察、法律保障、专业监督的作用，分析和改进各类审计问题，广泛接受政府监督和社会监督，多措并举加强物资管理风险防控。

第二节　物资管理监督

国网新源控股落实国家电网有限公司建设"三全三化"物资管理监督体系要求，健全"事前预防、事中监督、事后改进"的工作机制，有效防控物资管理风险，推进和保障物资管理全供应链高标准、高质量发展。本节主要介绍物资管理监督概念、物资管理监督方式两部分内容。

一、物资管理监督概念

物资管理监督是指对全供应链业务及参与主体的监督工作，物资管理监督对象包括物资管理体系建设、采购计划管理、信息化和标准化管理、采购管理、合同管理、产品质量监督、供应商关系管理、仓储配送、废旧物资处置和评标专家管理等业务及其参与主体。

二、物资管理监督方式

物资管理监督方式分为专业监督、现场监督、专项监督、日常监督和接受公众监督等。

1. 专业监督

专业监督是指各业务主管部门充分履行职责范围内的主体监督责任，利用审查和会签采购计划、采购文件（包括技术方案等）、参与评标（审）工作、参加招投标领导小组会议、会签合同、项目验收及结算、调阅资料、查询信息和组织检查等途径，对本专业工作范围内的物资管理相关事项进行监督。

专业监督应按照监督办法规定开展工作，与纪检监察、审计部门的协同监督建立问题线索信息共享、问题整改协同推进、整改成效共同评估的协同机制。

物资管理专业监督会同纪检监察部门共同推进业务部门"主体责任"的落实；会同审计部门共同推进审计问题的整改销号。

2. 现场监督

现场监督是指委派监督人员对物资管理相关业务实施现场的实时监督，针对程序执行、评标（审）委员会成员及工作人员履职、遵守纪律等情况进行监督。

3. 专项监督

专项监督是指围绕物资管理中重点、难点问题，针对问题突出的业务和单位制定相应的监督检查方案，开展不定期的监督工作。

4. 日常监督

日常监督是指国网新源控股物资部门牵头，各业务部门配合，定期督导检查各项目单位的物资管理情况，应用大数据分析查找问题、堵塞漏洞。每季度梳理总结本单位物资监督工作情况，对专业监督、现场监督、专项监督、投诉办理、接受外部监督等情况进行统计分析，诊断潜在风险点，形成监督情况报告。

5. 接受公众监督

接受公众监督是指在 ECP、各级供应商服务中心、内部评标（审）场所公布纪检监督部门、国网新源控股主管部门专门设置接受投诉的电话和邮箱，自觉接受公众监督，保证电话畅通、邮件查收及时，确保投诉和有异议的问题及时有效解决。

三、现场监督管理

现场监督是开展物资管理监督工作的重要方式，本部分详细介绍现场监督要点和发现异常的处理方式。

（一）现场监督要点

现场监督根据监督现场的不同分为开标现场监督、评标（评审）现场监督、供应商资质业绩核实现场监督和废旧物资竞价处置现场监督等，不同的现场监督监督要点也有所不同。

1. 开标现场监督

开标现场监督的工作内容包括监督是否拒收投标人逾时送达的投标（应答）文件；监督是否按照招标（采购）文件确定的时间、地点公开开标；监督投标（应答）文件和"浮动比例"等有关保密内容的密封情况；监督投标（应答）文件的报价、投标保证金交纳等主要内容是否公开唱标；监督唱标内容是否与投标（应答）文件一致；监督招标（采购）工作人员和代理机构人员履职情况。

2. 评标（评审）现场监督

评标（评审）现场监督的工作内容包括监督评标场所启动封闭管理；监督会议服务人员将评标（审）委员会名单导入评标基地智慧管理平台；监督所有人员的安检情况；监督现场评标（审）专家是否存在私自顶替现象；监督评标（审）委员会构成是否符合有关规定；监督通信工具控制及评标（审）专家对外联系情况；监督评标过程是否违反招标（采购）文件、评标（审）办法和评标（审）程序；监督技术和商务评标（审）是否独立；监督评标（审）专家是否存在异常评分、发表倾向性意见的情况；监督是否按评标（审）报告推荐中标（成交）候选人；监督评标（审）委员会成员是否私下接触投标（应答）人；监督评标（审）委员会成员、评标（审）专家、招标（采购）工作人员和代理机构人员履职情况；监督评标（审）结束后是否按要求留存及销毁有关书面及电子材料。

3. 供应商资质业绩核实现场监督

供应商资质业绩核实现场监督的工作内容包括供应商资质业绩核实是否合法合规；现场组织是否规范有序；核实专家、工作人员是否认真履职，有无违规违纪情况。

4. 废旧物资竞价处置现场监督

废旧物资竞价处置现场监督的工作内容包括竞价处置过程是否违反处置程序、办法和相关文件规定；现场组织是否规范有序；竞价人员、工作人员是否认真履职，有无违规违纪情况。

（二）现场监督发现异常的处理方式

现场监督人员对于评标专家异常行为，有权提出质疑或制止；对于评标专家评分明显异常的，有权提出质疑或约谈。

现场监督中发现的异常问题，监督人员应立即纠正，并及时上报国网新源控股物资部门。

第三节 评标专家管理

评标专家的科学管理是规范招标（采购）质量的重要途径，是保证招标（采购）活动公开、公平、公正的必备措施。本节主要介绍评标专家库管理、评标专家综合素养及工作要点两部分内容。

一、评标专家库管理

评标专家是指各类从事电网工程建设管理，或在工程技术、经济及相关专业方面有较高理论水平和丰富实践经验、符合相关规定条件并经招投标管理部门或招标代理机构聘用的人员。国网新源控股的评标专家需录入到ECP，且分为资深＋级、资深级、A＋级、A级和B级五个级别。评标专家负责物资采购现场的评标审核工作。评标专家库实行动态管理，管理内容包括评标专家审核管理、评标专家信息管理、评标专家抽取管理、评标专家评价及考核、评标专家教育培训等。

（一）评标专家审核管理

评标专家应具备相应的资格条件，履行审批程序，实行分级管理，其中资深＋级、资深级、A＋级、A级专家由国网物资公司统一管理，B级专家由国网新源控股物资公司统一管理。

1. 评标专家入库条件

评标专家入库遵循"两个100％"原则，一是满足专家库入库要求的人员入库申请率达到100％；二是项目单位优秀专家人才入库申请率达到100％。入选评标专家库的评标专家应具备如下条件：

（1）从事相关专业领域工作满八年并具有高级职称或同等专业水平。

对于"同等专业水平"的认定，不具备高级职称的，但在相关工作领域专业技术水平突出，同时具备下列条件的人员，可视为具备高级职称同等专业水平。

1）具有大学专科及以上学历和中级专业技术资格。

2）业务能力方面符合以下条件之一：

a. 在特高压、智能电网、跨区电网输变电工程可行性研究、设计、技术研究、施工建设、运行管理等工作中作为专项负责人或主要工作人员获得表彰或业绩突出；

b. 作为专项负责人或主要工作人员参与的项目获得省公司及以上奖项；

c. 累计从事本专业技术工作 10 年及以上（硕士及以上学历教育时间计为专业时间）、中级职称工作 5 年及以上，且获得地（市）供电公司及以上单位表彰 1 次及以上；

3）理论水平方面符合下列条件之一：

a. 主持或参加过 1 本及以上相关专业专著编写；

b. 公开发表过 1 篇及以上专业论文；

c. 主持或参加过 2 项及以上相关专业的规程、规范等文件的编写工作。

（2）熟悉有关招标（采购）投标的法律法规和业务知识。

（3）能够认真、公正、诚实、廉洁地履行职责。

（4）申请时，年满 32 周岁且未满 60 周岁，身体健康，能够承担评标工作。

（5）法规规章规定的其他条件。

2. 专家入库操作

专家入库流程介绍和专家入库初审 ECP 操作扫描二维码查看。

操作手册名称	新一代电子商务平台专家入库流程介绍
角色	评标专家、监督专家
主要功能	专家注册，专家信息填报
二维码	

操作手册名称	ECP2.0 专家入库初审操作
角色	专家管理员
主要功能	评标专家、监督专家上报信息初审
二维码	

（二）评标专家信息管理

评标专家信息管理包括基础信息维护、专业调整、组织机构调整、专家转库、专家退库和专家冻结等。

1. 专家基础信息维护

在库专家的基础信息（包括专家的联系方式、职称、工作单位、工作岗位、工作简历与业绩等）发生变更的，由专家所在单位提出申请，填写评标专家基本信息变更审核表（见表 11‑3‑1），提交给招标（采购）代理机构，由其统一修改。对于挂职锻炼、长期借调及借用人员要将所在单位修改为实际服务单位。

表 11‑3‑1　　　　　　　　　　评标专家基本信息变更审核表

编号（年份‑流水号）：202201

申请单位/部门	××公司	申请日期	2022.07.01
申请人	王××	联系人电话	139×××0123
调整类型	□专家联系方式 □获得职称 ☑工作单位 □工作岗位 □工作简历与业绩 □其他		
变更事项描述	根据调令〔2022〕1号文，××公司刘××自2022年×月×日调入××公司，故申请工作单位变更		
评标专家所在单位 人资部门意见	同意　　　　　人事部门公章：		
招标代理机构意见 （含处理时间）			
备注			

2. 专家专业及专家等级调整

评标专家因工作岗位变动等原因需对原申报专业进行调整（调整包括增加专业或删除专业），或需对"专家等级"进行调整，由专家所在单位专家管理员提交评标专家库专家申报信息调整申请表（表格样式见表 11‑3‑2，内容据实填写），获批后由专家本人在 ECP 操作，增加专业需补充相关业绩，填报完成后提交审批。A级及以上评标专家等级调整由国家电网有限公司集中统一审核；B级评标专家等级调整由国网新源控股集中统一审核。评标专家专业调整随国家电网有限公司专家信息收集和审核工作同时开展（日常不开展）。

表 11 - 3 - 2　　　　　　　　　　评标专家库专家申报信息调整申请表

序号（年份 - 流水号）：2022 - 01

申请单位/部门	××公司	申请人	王××
联系人电话	137×××0123	联系人邮箱	××××@sgxy.sgcc.com.cn
调整类型	☑冻结专家资格　□调整专家等级　□调整评标专业		
详细描述	刘××因参加国网新源控股安监部年度安全巡视工作［新源安委会 2022（3）号文］，巡视时间至 2022 年 12 月 31 日，此期间无法参加评标工作，故申请冻结，冻结时间至 2022 年 12 月 31 日		
评标专家所在/推荐单位/推荐部门意见	同意 单位公章：　　　2022 年 3 月 1 日		
省电力公司/国家电网有限公司直属单位/国家电网有限公司专家管理部门意见	单位公章： 　　　年　月　日		
招标代理机构意见	单位公章： 　　　年　月　日		
备注			

3. 专家转库

评标专家因工作岗位变动等原因需转库，如监督专家转为评标专家或评标专家转为监督专家，由专家所在单位专家管理员提交评标专家库专家退库申请表（表格样式见表 11 - 3 - 3，内容据实填写），物资公司汇总提交国网新源控股物资部门审核，审核通过后，由物资公司专家管理员执行退库操作。退库后由专家本人重新申报。

表 11 - 3 - 3 　　　　　　　　　　　评标专家库专家退库申请表

序号（年份 - 流水号）：

申请单位/部门	××公司	申请人	王××
联系人电话	139×××0123	联系人邮箱	××××@sgxy.sgcc.com.cn
详细描述	刘××将于 2022 年×月×日到达法定退休年龄，故申请退库		
评标专家所在/ 推荐/审核单位 或部门意见	同意　　　　　　　　　　　　　盖章　　　2022 年 3 月 1 日		
省电力公司/ 国家电网有限公司直属 单位/国家电网有限公司 专家管理部门意见	盖章： 　　　　年　月　日		
招标代理机构意见	盖章： 　　　　年　月　日		
备注			

评标专家转库调整随国网新源控股专家信息收集和审核工作同时开展。

4. 专家退库管理

评标专家因身体、调离或其他原因不能胜任评标工作，无法保证正常出席，由评标专家所在单位专家管理员填写评标专家库专家退库申请表（见表 11 - 3 - 3），提出退库申请，物资公司汇总，经国网新源控股物资部门审核确认后，安排执行相关操作。

5. 专家冻结管理

评标专家存在以下情况之一的，由评标专家所在单位专家管理员填写评标专家库专家申报信息调整申请表（见表 11 - 3 - 2），提出冻结申请，物资公司汇总后提交国网新源控股物资部门审核，审核通过后安排执行相关操作：临近退休不足半年，且个人主动申请；因工作、家庭或个人原因脱离既有工作岗位 3 个月以上；因个人、家庭原因无法参与评标 3 个月以上。

（三）评标专家抽取管理

评标专家被抽取参加集中评标工作，应按照通知要求准时参加，若因工作原因确实无法参加的，应履行请假手续。评标专家在接到抽取通知后，应在规定时间内回复是否出席，超过时限回复视为无效。凡接到通知的评标专家，如无特殊情况，应按时参加评标工作；特殊情况确实无法参加评标的，无论是国家电网有限公司还是国网新源控股组织的招标采购，应立即向本单位分管领导请假，并经本单位主要领导批准后填写评标专家请假报告（见表11-3-4）履行书面请假手续，请假报告由本单位存档并通过ECP履行线上审批手续。

表11-3-4　　　　　　　　　　　**评标专家请假报告**

____××____公司

评标专家请假报告

（一人一份）

国网新源控股物资部：

我单位评标专家王××于15日14：25时收到国网新源控股有限公司2022年第四批次招标采购评标工作短信通知，被抽中参加评审工作。

上述人员由于参加安全生产巡查工作（新源安委会〔2022〕3号文）原因不能参加评标工作，已向我公司分管领导黄××请假，并经我公司主要领导刘××同意获批，评标专家出席情况将按照国网新源控股规定纳入企业负责人业绩考核。

特此报告。

评标专家（本人签字）：王××

评标专家管理员（签字）：朱××

物资分管领导（签字）：黄××

企业主要负责人（签字）：刘××

单位（盖章）

2022年2月16日

专家已经短信确认参加评审活动，由于特殊原因不能报到的，应立刻向本单位领导汇报，获批准后填写评标专家请假报告（见表11-3-4）履行书面请假手续，请假报告由本单位存档并通过ERP报国网新源控股物资部门备案，同时立即联系国网新源控股物资部门督察人员说明情况。

专家报到后因特殊原因无法继续参与评审活动，应向秘书组说明情况，经评委会批准后填写评标专家现场请假报告（见表11-3-5），现场办理书面请假手续。

表11-3-5　　　　　　　　　　　**评标专家现场请假报告**

国网新源第一批评委会：

本人刘××因特殊情况不能继续参加评标工作，申请请假，具体原因报告如下：

因本人妻子突发身体不适，需住院治疗，情况紧急，故不能继续担任评标工作。请批准。

申请人：（签字）刘××

2022年7月5日

监督人员：（签字）王××

2022年7月5日

评委会主任：（签字）李××

2022年7月5日

（四）评标专家评价及考核

1. 评标专家履职评价

评标专家的评价分为日常考评和年度考评。

（1）评标专家日常考评。评标专家日常考核在每次招投标活动后开展，由物资公司组织，依据评标专家履责情况评价标准在 ECP 完成评标专家履责评价工作。评标委员会、招投标代理机构、监督人员对评标组长进行日常考评，评标组长、招标代理机构、监督人员对其他参与招投标活动的评标专家进行日常考评。日常考评标准由"业务能力、工作态度、廉洁纪律"三部分组成。考评结果分为"良好、称职、基本称职和不称职"四个等级。

对于违规违纪行为，招标现场监督组负责核实情况，经查证属实的，按"不称职"等级进行考评并给予严格处罚。处罚方式包括警告、终止评标资格一年并公告、永久性取消评标资格并公告三种。评标专家违规违纪行为处罚方式见表 11-3-6。

表 11-3-6 评标专家违规违纪行为处罚方式

警告处罚的情况	终止评标资格一年的情况	永久性取消评标资格情况
工作不积极、态度不认真、敷衍了事、缺乏敬业精神	无正当理由拒不接受所分配任务，故意拖延进度，影响评标工作正常开展	私自携带存储设备进入评标现场，不按规定上交
评标期间违反评标纪律	完成评标工作不认真，不负责任，对提出的评审意见缺乏必要的支撑资料	在各评标小组之间走动，打听涉密信息，不予改正
不能客观公正履行职责	不遵守现场工作纪律与管理要求，经劝告拒不改正	在表达评审意见时一味强调个人主观意见，并试图影响他人，明显违背公平、公正原则
无正当理由拒不参加评标	确定参加评审后因故请假，但未按程序履行请假手续，造成不良后果	向他人透露对投标（应答）文件的评审和比较、中标候选人的推荐以及与评标有关的其他情况
一年内评标专家受到的警告处罚次数不得超过两次，超过两次应由监察部门或招投标管理部门提出终止评标资格一年的处罚建议		违反《国家电网有限公司评标专家行为准则》《国家电网有限公司物资系统从业人员廉洁守则》的其他情形
		因违法违纪行为被有关司法纪检机关予以处罚

（2）评标专家年度考评。评标专家年度考评结果分为"优秀、合格、不合格"三个等级。物资公司汇总各评标专家出席情况、日常考评结果，在每年年底提出年度考核意见，经国网新源控股物资部门核实，考核结果作为评标专家表彰、续聘、动态调整的依据。

2. 评标专家管理考核

评标专家管理考核分月度考核和年度考核。考核结果纳入企业负责人业绩考核物资管理指标，考核分值按百分制计算。

（1）评标专家管理月度考核。评标专家管理月度考核包括专家履责评价、专家违规违纪和专家工作失误等内容。

（2）评标专家管理年度考核。评标专家管理年度考核包括评标专家年度出席率、评标专家年度出席总人次和专家人才入库率等内容。

（五）评标专家教育培训

评标专家教育培训采取日常培训、集中培训和评标现场培训相结合的方式。国网物资公司组织 A 级及以上评标专家的集中教育培训，并负责国网新源控股 B 级专家的集中教育培训。

物资公司每年至少举办一次评标专家集中培训，培训内容涵盖招投标法律知识、评标业务知识与实际操作技能、廉洁从业相关要求等，重点剖析典型案例，增强专家廉洁从业风险责任意识。评标专家确保每年轮训 1 次，并签订国家电网有限公司廉洁保密承诺书。

每次评标前结合评标活动的开展组织标前培训。标前培训结合项目特点，重点培训廉洁保密教育、评标安排、系统操作等内容，组织所有评委会成员及工作人员签署国家电网有限公司廉洁保密承诺书，培训时间不得少于 2 学时。

二、评标专家综合素养及工作要点

（一）评标专家综合素养

评标专家综合素养的要求包括具有良好政治素养，责任心强，能公平、公正开展评审工作；具有较强的保密意识，接受邀请参加评标工作的专家，不得向任何人透露自己的评标专家身份及任何与评标相关的内容；认真履行职责，遵守职业道德，客观公正地进行评标；熟悉有关招投标的法律、法规、规章和招标（采购）文件的有关规定，对所提出的评审意见署名并承担个人责任，接受监察部门或招投标管理部门的监督管理；具有廉洁意识，不私下接触投标人，不收受他人的财物或其他好处；自觉参加招投标管理部门组织的培训和考核，提升自身综合能力。

（二）评标专家工作要点

评标专家工作要点包括熟悉招评标活动的整个流程，熟悉 ECP 评标相关操作；熟悉所负责项目的招标（采购）文件，熟悉评标办法（含商务、技术评分表）、澄清补遗、招标采购公告专用资格要求、招标（采购）范围等；熟悉投标（应答）文件的内容，对投标（应答）文件中不明确的内容、前后不一致或者细微偏差提出澄清，但不得改变投标（应答）文件的实质性内容，对投标人提交的澄清、说明或补正有疑问的，可以要求投标人进一步澄清、说明或补正，直至满足评标委员会的要求；熟悉招标（采购）项目的否决条款，否决包含技术否决（资格要求、投标范围、供货偏差、技术偏差、逾期交货、＊号条款等）、商务否决（资格条件、商务偏差、投标保证金、法定代表人授权委托书、被授权人社保证明等）、价格否决（包括投标函签字盖章、报价修正超限、报价超限、多个报价、无效报价、违反税法等），符合任何一项否决条款的，提出否决并准确描述否决理由。

【巩固与提升】

  1. 简述物资管理风险防控过程分为几个阶段。

  2. 简述评标现场监督对象有哪些。

  3. 被抽中参加评标活动的专家因故不能参加的，需履行怎样的请假手续。

  4. 对于有违规违纪行为的评标专家，简述对评标专家的处罚方式。

  5. 简述哪些违规违纪行为将永久性取消评标专家的评标资格。

巩固与提升参考答案

【第一章】

1. 简述抽水蓄能物资供应链的内涵。

抽水蓄能物资供应链中传递的内容归集为实物流、资金流、信息流和工作流。实物流是指实物交付和转移的过程，其流动方向是从供应商的供应商到客户的客户，实物流是抽水蓄能物资供应链的基础。资金流是指收取和清偿款项的过程，其流动方向是客户的客户到供应商的供应商，资金流是抽水蓄能物资供应链的血液。信息流包括收集和处理分析数据，协助供应链上的成员开展商务活动或进行决策判断，其流动方向是双向的，信息流是抽水蓄能物资供应链的神经。信息流是抽水蓄能物资供应链三流中唯一能够贯通所有专业领域的，实物流和资金流只涉及部分领域。工作流是指根据一系列过程规则，将文档、信息或任务在不同的执行者之间进行传递和执行。

2. 简述国网新源控股物资管理组织体系的内涵。

国网新源控股物资管理接受国家电网有限公司业务领导，建立"以国网新源控股本部为管理中心、物流服务中心为专业支撑平台、项目单位为基层执行主体"的管理组织体系，分为三个层面：

（1）国家电网有限公司层面是指国家电网有限公司管理、领导国网新源控股各项物资管理工作，组建国网物资公司作为业务支撑单位，并兼具招标代理机构职能。

（2）国网新源控股层面是指由国网新源控股物资部、项目管理部门、组织部、财务部、经法部、纪委办和物流服务中心（挂靠建设公司）组成。

（3）基层层面由各项目单位物资部（物流中心）、项目管理部门和相关职能部门组成。

3. 简述国网新源控股的业务运作模式，分别阐述其内涵。

国网新源控股物资管理应用"一级平台管控、两级集中采购、三级物资供应"的业务运作模式。"一级平台管控"是指所有采购活动都在电子商务平台（ECP）开展，实现采购活动全过程一级管控。"两级集中采购"是指物资采购活动全部集中到国家电网有限公司总部和国网新源控股本部两级实施，分为"总部直接组织实施"和"总部统一组织监控，直属单位具体实施"两种模式。国家电网有限公司物资部、国网新源控股物资部负责开展集中采购工作，各项目单位在国网新源控股统一监控下，开展授权采购工作。"三级物资供应"是指国网新源控股本部加强物资业务集中管控，项目单位加强现场管理，具体负责合同签订、合同履约、供应商评价、现场仓储管理等工作。

【第二章】

1. 简述物资计划的分类。

物资计划一般分为需求计划、储备计划、采购计划、供应计划。需求计划是需求单位（部门）依据年度综合计划、财务预算等，结合企业生产、建设、运营需要，向物资管理部门提报的含物资需求内容及需求时间等的计划；储备计划是根据企业生产、应急需要形成的所需物资储备时间及储备量的计划；采购计划是以需求单位（部门）提出的需求计划为基础，结合储备计划、库存情况提出的实施采购活动的计划；供应计划是采购计划的执行计划。其中，需求计划管理、采购计划管理是实施采购活动的前提，是物资计划管理的重点。

2. 分别简述年度需求计划、批次采购计划的编制流程及审查要点。

年度需求计划编制流程包括储备项目信息维护、年度需求计划编制与提报两部分，具体审查要点包括储备项目名称、本年投资计划金额、项目定义、项目类型等，需求计划项目名称、计划年度、建议采购方式、需求日期、供货周期、项目金额、物料编码等；批次采购计划编制流程大致包括批次计划汇总表创建及上报、技术规范 ID 创建、采购申请生成三部分，具体审查要点包括项目名称、交货期/服务期、采购方式、采购项目金额、采购数量、技术规范 ID、物料编码、交货地点等。

【第三章】

1. 简述投标（应答）人参与 ECP 投标（应答）必须满足的两个条件。

（1）投标（应答）人在国家电网有限公司新一代电子商务平台完成注册。

（2）投标（应答）人应办理供应商电子钥匙。

2. 简述招标（采购）文件澄清与修改流程。

（1）投标（应答）人对招标（采购）文件中存在的遗漏、错误、含义不清甚至相互矛盾等问题提出澄清或异议。

（2）招标（采购）代理机构或项目单位物资管理部门整理汇总澄清问题，移交项目单位或需求部门组织答复。

（3）集中实施采购项目由国网新源控股项目主管部门、物资主管部门依次在 ERP 中审核招标（采购）文件技术部分的修改或澄清；国网新源控股法律主管部门、物资主管部门依次在 ERP 中审核招标（采购）文件商务部分的修改或澄清。

（4）集中实施采购项目由招标（采购）代理机构将审核通过的招标（采购）文件的修改或澄清通过 ECP 发送至所有获取招标（采购）文件的投标（应答）人。授权实施项目由项目单位根据采购文件规定发送至所有获取采购文件的应答人。

3. 简述国网新源控股采购活动中常用的采购方式。

国网新源控股采购活动中常用的采购方式包括以公开和邀请方式进行的招标、竞争性谈判、询价采购（含现场询价），以及单一来源采购。

4. 简述采购活动文件归档材料范围目录。

（1）发布招标公告（投标邀请函）的内部审批单。

（2）招标（采购）文件及其澄清、修改函件。

（3）招标（采购）文件及其澄清、修改函件的内部审批单（如有）。

（4）中标人的投标（应答）文件及其澄清回复函件。

（5）投标（应答）文件的送达（上传交易平台信息系统）时间和密封（加密）情况。

（6）评标（评审）委员会组建审批单及组建名单。

（7）评标（评审）报告。

（8）定标审批单、会议纪要。

（9）推荐的中标候选人公示及其异议和答复。

（10）中标通知书。

【第四章】

1. 对于国网新源控股集中采购的物资，项目单位物资合同签订前，合同承办人发现招投标商务技术文件供货范围不一致在签约时应如何处理。

合同承办人员应填写差异申请单，提出差异处理申请。差异申请单填写内容包括中标/成交通知书号码、供应商名称、物资条目数、差异金额、差异类型，并需要详细说明差异情况，在书面附件中列明供货范围、分项价格及总价等调整明细。差异申请单由合同承办人、部门领导以及分管领导审批签字或盖章后，提交至国网新源控股物资部，国网新源控股物资部 10 日内书面说明差异处理意见，列明调整明细。项目单位根据处理结果组织物资合同签订。

2. 到货验收过程中，如发现到货物资与合同约定不相符，存在损坏、缺陷、短少，或不符合合同条款的质量要求时，应如何处理。

合同承办人要做好记录，由物资管理部门、项目管理部门和供应商等现场各方代表签字确认。确认属供应商责任的，由供应商按以下方式处理：

（1）对于非质量、可现场处理的问题，应要求供应商在规定期限内现场进行缺陷处理。

（2）对于重要的、质量的、不可现场处理的问题，应要求供应商在规定期限内返厂处理。

（3）对于物资少量缺失或备品备件缺失的情况，应要求供应商立即发货补齐。

3. 简述物资合同到货款支付流程。

（1）物资合同货物到达现场验收合格后，供应商凭全额增值税专用发票（合同另有约定的除外）及货物交接单、到货验收单、入库单办理到货款支付手续。

（2）合同承办人员验审单据无误后，打印发票交接单，与供应商办理发票登记交接。

（3）合同承办人员根据审批通过的月度资金预算，编制资金支付申请单，提出到货款支付申请，同时将增值税专用发票、货物交接单、到货验收单、入库单和合同附后，经物资管理部门（或项目管理部门）流转会签后报财务部门审核，财务部门审核无误（含发票校验）后完成资金支付。

【第五章】

1. 简述国网新源控股选择监造单位的方式。

按照服务采购招标管理规定，应采取公开招标方式。

2. 简述抽水蓄能供应商供货质量问题上报途径。

质量问题可采取两种途径上报：一是由国网新源控股物资部直接上报国网物资部质量监督处，由质量监督处按照《供应商不良行为处理实施细则》对供应商进行通报和约谈；二是由国网新源控股物资部组织下属各级单位对供应商的产品质量、合同履行、售后服务等方面，开展绩效评价工作，与招标联动。

3. 项目单位通过指定邮箱报送的质监报告晚于每月 25 日截止日期，造成国网新源控股物资主管部门的质监月报没法统计数据，简述应对措施。

项目单位应强化管理，对工程项目中负责数据报送的监理单位实行绩效考核，以便及时报送，杜绝长期存在的晚报现象。

4. 报送方式不规范，简述应对措施。

杜绝随意向指定邮箱报送两个或两个以上质监报告或通过物资公司经办人的个人邮箱报送质监报告，规范操作，避免出现混乱局面。

5. 报送文件名称不规范，简述应对措施。

通过指定邮箱报送的文件名称应为"单位简称＋月份＋物资质量监督管理报告"，但项目单位报送的文件名称没标明单位名称。为此，建议业务员学习相关规定，规范操作。

6. 报送的两张抽检的表格数据不符，简述应对措施。

项目单位报送前，建议通过再次核对两张表格数据，二次较对，避免数据相互矛盾，出现差错。

7. 项目单位人员频繁更换、经办人责任心差；监理单位业务水平不高，导致质监报告数据错误太多，简述应对措施。

各项目单位必须定岗定员，强化绩效考核，如确需人员更换，应及时做好人员变更业务交接，提前学习管理规定，规范操作；对监理单位统计人员确实业务水平差的、责任心缺失的，项目单位应及时要求更换。

8. 报送数据不实，简述应对措施。

抽检单位必须为具有资质的、独立的第三方专业检测机构。以钢筋为例，施工单位收到供应商（生产厂家）每批钢筋后，应根据不同厂别，不同炉号，100％自检，而项目单位委托专业检测机构按合同规定（一般为合同数量的10％）进行抽检。但有些项目单位将施工单位的自检数据也列入抽检报送，造成数据严重失实，为此，应强化业务培训，严格按规程操作。

9. 首次报送单位，普遍存在问题较多，简述应对措施。

目前项目单位报送的质监报告分为零报告和报送抽检数据的质监报告，为规范操作，建议第一次报送的单位，先行线下（如电话或网迅通联系）提交建设公司经办人质监报告初稿，经双方沟通交流，修改核对初稿后，再由项目单位正式通过指定邮箱报送。

10. 项目单位抽检材料报送超过材料的范围，简述应对措施。

不少项目单位往往将半成品，如水泥砂浆、混凝土，甚至将基础承载力作为抽检材料传来。质监报告中涉及材料抽检的表格本月抽检工作情况表（见表5-3-3）等只适用于原材料本身，且为加工前进行抽样检测的材料。

【第六章】

1. 简述国网新源控股开展供应商资质能力核实的目的。

（1）防范供应商后期履约风险。

（2）构建信息共享的供应商数据库。

（3）减轻评标环节工作量。

（4）减轻供应商投标工作强度。

（5）帮助供应商了解自身资质业绩与集中招标/采购要求的差距，从而有针对性地进行完善和提高。

2. 简述供应商可以在 ECP 上查看的公示信息。

（1）供应商资质业绩核实结果信息。

（2）供应商绩效评价结果信息。

（3）不良供应商处理结果信息。

【第七章】

1. 简述采购物资入库流程。

（1）仓储管理人员依据完成审核签字的货物交接单和到货验收单核对现场物资的品名、规格型号、数量和相关资料（包括但不限于装箱单、技术资料等），核对无误后办理实物入库上架。

（2）仓储管理人员执行仓储管理信息系统入库手续。

（3）打印两份入库单，合同承办人、仓储管理人员、仓储主管签字确认，由物资管理部门和财务管理部门分别存档。

2. 简述有价值物资领用出库流程。

（1）仓储管理人员依据完成审核签字的领料单在仓储管理信息系统中操作出库。

（2）打印出库单，仓储管理人员、仓储主管、领料人签字确认，领料单和出库单由财务管理部门、物资管理部门、物资领用部门分别存档。

（3）仓储管理人员依据领料工单和出库单核对实物，核对无误后实物下架出库。

（4）仓储管理人员应在每月财务管理部门封账前将领料单和出库单送交财务管理部门。

3. 简述库存物资报废流程。

（1）物资管理部门组织物资使用部门、项目管理部门、财务管理部门等相关部门对库存物资进行技术鉴定，符合报废条件的，项目管理部门在技术鉴定报告中明确鉴定意见并签字确认，物资管理部门申报内部决策审批。

（2）审批通过后，仓储管理人员根据技术鉴定报告、内部决策会议纪要在线上发起报废申请，履行审批流程。

4. 简述报废物资入库流程。

（1）仓储管理人员依据报废审批单、技术鉴定报告、内部决策会议纪要（如有）、报废物资移交单核对报废物资品名、规格、数量，核对无误后实物入库上架。

（2）仓储管理人员执行线上入库操作。

（3）打印两份入库单，仓储管理人员、仓储主管、移交人在报废物资移交单、入库单上签字确认，物资管理部门和移交部门分别存档。

5. 简述报废物资出库流程。

仓储管理员依据销售合同、经财务部门确认的付款凭证，核对报废物资的品名、规格，并清点、过磅，确认无误后在线上操作出库，并打印出库单，仓储管理员、仓储主管、回收商签字确认，实物下架出库，物资管理部门、纪检监察部门、使用保管部门和回收商在报废物资实物交接单签字确认。物资管理部门、财务部门分别存档。

【第八章】

1. 简述分部分项工程甲供设备月度供应计划的内容。

分部分项工程甲供设备计划内容包括分部分项工程名称、设备名称、规格型号、数量、进场时间、卸车地点、安装时间等。

2. 简述甲供设备开箱验收前的准备工作。

项目单位可委托监理单位组织和主持开箱验收工作，开箱前应做好以下准备工作：

（1）根据采购合同，梳理出开箱验收所需的技术要求、图纸等。

（2）确认开箱验收参与人员，主要有项目单位物资管理人员、机电专业人员、档案管理人员、监理单位专业人员、施工单位物资管理人员和机电专业人员、供应商代表等。

（3）施工单位准备开箱所需工具。

3. 简述甲供设备开箱验收过程中发现设备异常的处理方式。

开箱验收中如发现资料缺少、零部件缺少问题，项目单位应立即要求供应商补供。开箱验收中如发现一般质量缺陷可在现场处理完成的，可由供应商在现场完成消缺。开箱验收中如发现较重大质量问题，项目单位督促供应商提交消缺方案，可召开专题会商议。方案通过后，项目单位应始终跟踪供应商的消缺处理进度，促使供应商及时按照既定方案完成消缺。

4. 简述编制甲供材料月度（批次）需求计划的主要依据。

工程进度计划、图纸、材料生产周期、运输周期、检测周期、材料库容量、现有库存量。

5. 简述监理单位、项目单位审核施工单位上报的乙供材进场报验信息的内容。

审核乙供材的种类、规格、采用的技术标准、产品检验报告、生产厂家资质业绩、生产许可和产品样品等。

【第九章】

1. 简述报废物资分类处置类别。

报废物资分为有处置价值、无处置价值和特殊性报废物资三类。

2. 简述库存物资报废原因。

报废原因符合以下 3 条：

（1）淘汰产品，无零配件供应，不能利用；国家规定强制淘汰报废；技术落后不能满足生产需要。

（2）经鉴定存在严重质量问题或其他原因，不能使用。

（3）超过保质期的物资。

3. 简述可使用的退役资产再利用遵循的原则。

应按照"统筹调配、分级管理、专业负责、就近利用"的原则，优先在本单位内部进行，不同单位间退役资产再利用工作由上级单位统一组织。

【第十章】

1. 简述供应商主数据新增的两个途径。

（1）供应商通过 ECP 购买电子钥匙，提交注册信息，并上传营业执照。注册信息包括公司全称、统一社会信用代码证号、注册地址、营业范围、注册联系人等信息。国网物资公司审核以上信息，审核未通过的供应商主数据返回申请人进行修改，审核通过的由国网物资公司同步到 MDM 平台。国网新源控股根据需要下载至 ERP 系统使用。

（2）国网新源控股各项目单位在 MDM 提交供应商信息，上传营业执照。供应商信息包括供应商名称、国家代码、供应商类别、统一社会信用代码证号、证照生效日期、证照失效时期、通信地址、邮政编码、城市、地区、是否公司管理的集体企业、是否分布式发电供应商、系统内/外（供应商）、银行账号是否受控、是否招标注册供应商、是否电厂供应商、电话、传真、电子邮箱、系统类型、行业类型编码和资质文件。国网新源物资有限公司审核上述信息，审核通过后发送至国网信通公司进行二级审核；审核未通过的供应商主数据返回申请人进行修改，审核通过的进入MDM，同时生成供应商编码。

2. 简述仓库主数据编码包含的内容。

仓库主数据编码主要用于对仓库组织机构设置，包括仓库号、存储类型、存储区和仓位，通过MDM对各实体库进行统一注册，包括仓库名称、地址、面积及库存地点编码等信息。

【第十一章】

1. 简述物资管理风险防控过程分为几个阶段。

物资管理风险防控过程分为风险识别、风险评估、风险防控措施、风险转移与承担四个阶段。

2. 简述评标现场监督对象有哪些。

主要包括评标（评审）委员会成员、法律人员、监督人员、项目经理、会务人员、技术支持、顾问、秘书。

3. 被抽中参加评标活动的专家因故不能参加的，需履行怎样的请假手续。

评标专家被抽取参加集中评标工作，应按照通知要求准时参加，若因工作原因确实无法参加的，应履行请假手续。评标专家在接到抽取通知后，应在规定时间内回复是否出席，超过时限回复视为无效。凡接到通知的评标专家，如无特殊情况，应按时参加评标工作；特殊情况确实无法参加评标的，无论是国家电网有限公司还是国网新源控股组织的招标采购，应立即向本单位分管领导请假，并经本单位主要领导批准后填写评标专家请假报告履行书面请假手续，请假报告由本单位存档并通过ECP履行线上审批手续。

专家已经短信确认参加评审活动，由于特殊原因不能报到的，应立刻向本单位领导汇报，获批准后填写评标专家请假报告履行书面请假手续，请假报告由本单位存档并通过ERP报国网新源控股物资部门备案，同时立即联系国网新源控股物资部门督察人员说明情况。

专家报到后因特殊原因无法继续参与评审活动，应向秘书组说明情况，经评委会批准后填写评标专家现场请假报告，现场办理书面请假手续。

4. 对于有违规违纪行为的评标专家，简述对评标专家的处罚方式。

对于已经查证属实，确实存在违规违纪行为的专家，将给予严格的处罚。处罚方式包括警告、终止评标资格一年并公告、永久性取消评标资格并公告三种。

5. 简述哪些违规违纪行为将永久性取消评标专家的评标资格。

存在下列行为的评标专家将被永久性取消评标资格：

（1）私自携带存储设备进入评标现场，不按规定上交。

（2）在各评标小组之间走动，打听涉密信息，不予改正的。

（3）在表达评审意见时一味强调个人主观意见，并试图影响他人，明显违背公平、公正原则的。

（4）向他人透露对投标文件的评审和比较、中标候选人的推荐以及与评标有关的其他情况的。

（5）违反《国家电网有限公司评标专家行为准则》《国家电网有限公司物资系统从业人员廉洁守则》的其他情形。

（6）因违法违纪行为被有关司法纪检机关予以处罚。

二维码清单

序号	所属章节	操作手册/文件名称	主要功能	二维码	所在页码
1	第二章	预测版年度需求计划 ERP 系统申报操作	储备库项目信息维护，设备材料清册挂接，年度需求计划生成、编辑		10
2	第二章	需求版年度需求计划 ERP 系统申报操作	储备库项目信息维护，设备材料清册挂接，年度需求计划生成、编辑		10
3	第二章	批次采购计划 ERP 系统申报操作	批次采购计划导入、创建、审批、修改、显示、查询		13
4	第二章	ECP2.0 平台技术规范书提报操作	技术规范书提报		13
5	第七章	ERP 系统库存物资盘点操作简易流程	结余物资退库		105
6	第七章	ERP 系统结余物资退库操作简易流程	库存物资盘点		109
7	第七章	ERP 系统移库操作简易流程	移库		111

序号	所属章节	操作手册/文件名称	主要功能	二维码	所在页码
8	第九章	ERP 系统废旧物资处置计划上报操作建议流程	废旧物资处置计划上报		142
9	第九章	ERP 系统固定资产报废入库操作简易流程	固定资产报废入库无价值工厂		146
10	第九章	ERP 系统库内物资报废入库操作简易流程	有价值工厂库内报废物资入无价值工厂		146
11	第十章	国网商城操作手册-ERP 集成单位	对国网商城内商品进行查询、下请购单、退货、索要发票等		175
12	第十章	国网商城操作手册-非 ERP 集成单位	对国网商城内商品进行查询、下请购单、退货、索要发票等		175
13	第十一章	新一代电子商务平台专家入库流程介绍	专家注册，专家信息填报		183
14	第十一章	ECP2.0 专家入库初审操作	评标专家、监督专家上报信息初审		183

附录 A　抽检物资取样方法

1. 水泥

水泥按照同一生产厂家、同品种、同强度等级进行编号和取样，中热硅酸盐水泥、低热硅酸盐水泥、低热矿渣硅酸盐水泥及通用硅酸盐水泥，以不超过 600t 为一取样单位，低热微膨胀水泥以不超过 400t 为一取样单位，抗硫酸盐水泥以不超过 300t 为一取样单位。不足一个取样单位的按一个取样单位计。抽检比例宜不低于施工单位自检的10％，样品由取样人员在不同部位随机抽取。

2. 骨料

对于自己生产的骨料，8 小时为一取样单位；对于外购的骨料，2000t 为一取样单位。不足一个取样单位的按一个取样单位计。抽检比例宜不低于施工单位自检的 10％，样品由取样人员在出料皮带、下料口或料堆上的不同部位随机抽取。

3. 外加剂

外加剂按掺量划分取样单位，外加剂掺量不小于 1％时，以不超过 100t 为一取样单位；外加剂掺量小于 1％时，以不超过 50t 为一取样单位；不足一个取样单位的按一个取样单位计。抽检比例宜不低于施工单位自检的 10％，样品由取样人员在不同部位随机抽取。

4. 粉煤灰

粉煤灰按照同一生产厂家、同品种、同等级进行编号和取样，以不超过 200t 为一取样单位，不足一个取样单位的按一个取样单位计。抽检比例宜不低于施工单位自检的10％，样品由取样人员在不同部位随机抽取。

5. 钢筋

钢筋按照同牌号、同炉罐号、同尺寸的钢筋组成一批，每批重量通常不大于 60t，超过 60t 的部分，每增加 40t（或不足 40t 的余数），增加一组试样。允许同一牌号、同一冶炼方法、同一浇筑方法的不同炉罐号组成混合批，各炉罐号含碳量之差不大于 0.02％，含锰量之差不大于 0.15％，混合批的重量不大于 60t。抽检比例宜不低于施工单位自检的 10％，样品由取样人员在不同根钢筋随机抽取。

6. 压力钢板

压力钢板按照同一牌号、同一炉号、同一质量等级、同一交货状态组成一批，同一批最小压力钢板厚度大于 10mm 时，厚度差应不大于 5mm；同一批最小压力钢板厚度不大于 10mm 时，厚度差应不大于 2mm；每批重量不大于 60t。抽检比例宜不低于施工单位自检的 10％，样品由取样人员在同一批中最后压力钢板上抽取。

7. 钢绞线

钢绞线按照同一牌号、同一规格、同一生产工艺捻制的钢绞线组成一批，每批重量不大于 60t。抽检比例宜不低于施工单位自检的 10％，样品由取样人员在不同钢绞线上抽取。

8. 电缆

电缆按照同一型号、同一规格组成一批，原则上对所有批次都要取样检测。抽检比例宜不低于施工单位自检的 10％（如果是甲供电缆，则每批次取一组），样品由取样人员在每批电缆上抽取，如一端有可能受损，则取样时应去除。

9. 沥青

沥青以同一批出厂、同一规格型号的沥青 20t 为一个取样单位，不足 20t 也按一个取样单位计。抽检比例宜不低于施工单位自检的 10％，样品由取样人员在不同部位随机抽取。

10. 紧固件（螺栓）

同一性能等级、材料、炉号、螺纹规格、长度（当螺栓长度小于或等于 100mm 时，长度相差小于或等于 15mm；螺栓长度大于 100mm 时，长度相差小于或等于 20mm，可视为同一长度）、机械加工、热处理工艺、表面处理工艺的螺栓为同一批；同一性能等级、材料、炉号、螺纹规格、机械加工、热处理工艺、表面处理工艺的螺母为同一批；同一性能等级、材料、炉号、螺纹规格、机械加工、热处理工艺、表面处理工艺的垫圈为同一批。分别由同批螺栓、螺母、垫圈组成的连接副为同批连接副，连接副的最大批量为 3000 套。抽检比例宜不低于施工单位自检的 10％，样品由取样人员随机抽取。

11. 防水止水材料

铜止水、止水铜片按照同一牌号、状态和规格组成一批，每批质量不大于 3500kg（如该批为同一熔次，则批重可大于 6000kg）。橡胶止水带、橡胶止水条和土工合成材料按照同一类型的 5000m² 片材组成一批。抽检比例宜不低于施工单位自检的 10％，样品由取样人员在进场物资中随机抽取。

附录 B　抽检物资检测项目

1. 水泥

水泥检验项目分为主控项目和一般项目。主控项目包括比表面积、安定性、凝结时间、强度、线膨胀率（针对低热微膨胀水泥），一般项目包括不溶物、三氧化硫、碱含量、氧化镁、烧失量、水化热、氯离子、硅酸三钙（抗硫酸盐水泥）、铝酸三钙（抗硫酸盐水泥）、抗硫酸盐侵蚀能力（抗硫酸盐水泥）。

2. 骨料

细骨料检验项目分为主控项目和一般项目。主控项目包括细度模数、石粉含量、含泥量和泥块含量，一般项目包括云母含量、表观密度、有机质含量、坚固性、硫化物及硫酸盐含量、轻物质含量和碱含量。

粗骨料检验项目分为主控项目和一般项目。主控项目包括超径、逊径、含泥量和泥块含量，一般项目包括有机质含量、坚固性、硫化物及硫酸盐含量、表观密度、吸水率、针片状含量、压碎指标和碱含量。

3. 外加剂

外加剂根据功能不同，分为多种类型，每种外加剂的检验项目如下：

（1）高性能减水剂、高效减水剂、早强型普通减水剂、标准型普通减水剂的检验项目包括含固量、pH 值、氯离子含量、硫酸钠含量、总碱量、砂浆减水率、密度、含气量和凝结时间差。

（2）缓凝型普通减水剂的检验项目包括含固量、pH 值、氯离子含量、砂浆减水率、密度、含气量和凝结时间差。

（3）引气剂的检验项目 pH 值、砂浆减水率和密度。

（4）泵送剂的检验项目包括含固量、氯离子含量、总碱量、砂浆减水率和密度。

（5）早强剂的检验项目包括含固量、pH 值、氯离子含量、硫酸钠含量、总碱量和密度。

（6）缓凝剂的检验项目包括含固量、pH 值、氯离子含量、砂浆减水率和密度。

（7）速凝剂的检验项目包括凝结时间、抗压强度比、含固量、pH 值、氯离子含量、硫酸钠含量、总碱量、砂浆减水率和密度。

（8）防冻剂的检验项目包括含固量、氯离子含量、硫酸钠含量、总碱量、砂浆减水率和密度。

（9）抗分散剂的检验项目包括含固量、pH 值、氯离子含量、硫酸钠含量、砂浆减水率和细度。

4. 粉煤灰

粉煤灰检验项目分为主控项目和一般项目。对于 F 类粉煤灰，主控项目包括细度、需水量比、烧失量和含水量，一般项目包括三氧化硫含量和游离氧化钙含量。对于 C 类粉煤灰，主控项目包括细度、需水量比、烧失量、含水量、游离氧化钙和安定性，一般项目包括三氧化硫含量。碱含量按需开展检验。

5. 钢筋

钢筋的检验项目包括拉伸、弯曲、尺寸、重量偏差、极限强度和屈服强度。化学成分分析和晶粒度检验按需开展。

6. 压力钢板

压力钢板的检验项目包括拉伸、弯曲、尺寸、外形、表面、冲击试验。化学成分分析按需开展。

7. 钢绞线

钢绞线的检验项目包括重量、外形尺寸、表面质量、伸直性、整根钢绞线最大力、0.2%屈服力、最大力总伸长率、弹性模量和应力松弛试验。

8. 电缆

10kV 电力电缆、0.6/1kV 挤包绝缘电力电缆、450/750V 塑料绝缘控制电缆检验项目包括电缆的结构和尺寸检查［含导体根数与外径测量，绝缘平均厚度、最薄点厚度和偏心度，金属屏蔽厚度测量，铠装钢带（丝）的测量，外护套平均厚度和最薄点厚度，成品电缆外径等］，绝缘热延伸试验，电压试验（不含 450/750V 塑料绝缘控制电缆）、绝缘屏蔽剥离试验、导体直流电阻、绝缘和护套老化前机械性能试验检测、低烟无卤特性试验等。采用阻燃、耐火电缆时，其阻燃、耐火性能应符合相关规程规范要求，耐火性能试验仅适用于 0.6/1kV 及以下电缆。

9. 沥青

沥青的检验项目包括针入度、软化点、延度（15℃）、延度（4℃）和密度，含蜡量、当量脆点、溶解度和闪点按需检验。

10. 紧固件（螺栓）

螺栓的检验项目包括抗拉强度、屈服强度、伸长率、收缩率、冲击韧性、拉力荷载和硬度。螺母的检验项目包括保证荷载和硬度。垫圈的检验项目是硬度。连接副的检验项目包括扭矩系数、螺纹和表面缺陷。

11. 防水止水材料

铜止水、止水铜片的检验项目包括化学分析、外形尺寸、力学性能（拉伸试验或硬度试验）和表面质量。

橡胶止水带的检验项目包括硬度、拉伸强度、拉断伸长率、压缩永久变形、撕裂强度、脆性温度、热空气老化和臭氧老化。

橡胶止水条的检验项目包括拉伸强度、拉断伸长率、硬度、低温弯折和体积膨胀率。

土工合成材料的检验项目包括拉伸强度、拉断伸长率和撕裂强度。

参 考 文 献

［1］国家电网有限公司 . 国家电网公司物资集约化管理［M］. 北京：中国电力出版社，2012.

［2］国家电网有限公司 . 国家电网公司物力集约化管理实践与创新［M］. 北京：中国电力出版社，2015.

［3］国家电网有限公司 . 现代智慧供应链创新与实践［M］. 北京：中国电力出版社，2020.

［4］黄悦照，聂刚，王洪亮，等 . 抽水蓄能电站仓储标准化管理实务［M］. 北京：中国电力出版社，2018.

［5］国家发展和改革委员会 . DL/T 586—2008 电力设备监造技术导则［S］. 北京：中国电力出版社，2008.

［6］国家市场监督管理总局　国家标准化管理委员会 . GB/T 26429—2022 设备工程监理规范［S］. 北京：中国标准出版社，2022.

［7］国家电网有限公司 . Q/GDW 11583—2016 抽水蓄能电站设备监造技术导则［S］. 北京：中国电力出版社，2016.

［8］国家电网有限公司 . Q/GDW 11585—2016《抽水蓄能电站主要机电设备出厂验收规范》［S］. 北京：中国电力出版社，2016.

［9］国网新源控股有限公司 . Q/GDW 46 10003—2018《质量监督标准》［S］. 北京：中国电力出版社，2018.